東京街角書店

好想去的130間

和氣正幸——著

黃文玲——譯

✒️ 前言

每次逛書店，我就像是發現新大陸般，驚嘆於這世上竟然會然有這麼多有趣的書。

而書籍的種類百百款，比方說暢銷書或是個人喜愛的作家的作品，通常這些書籍的裝訂考究，只是把書拿在手上，一股難以言喻的幸福感油然而生。當然，也有些書光看書名完全無法想像書的內容，這時才發現自己所不知道的世界竟是如此遼闊，能帶給我這種雀躍心情的地方，就是書店。

本書從各式各樣的書店中，挑選出了130間「街角書店」，這些書店雀屏中選的原因，可能是老闆很有個人特色，又或者是書店的選書獨特。這當中

照片來源／Title

有的是專門經營美術或文學等
特定類型書籍的書店；又或是
從戰前傳承至今、擁有悠久歷
史的老書店；又或者是能在滿
屋子的攝影集裡大啖美食的書
店等。此外，還有稍稍與眾不
同的書店，例如以卡車裝載書
籍的移動書店、24小時營業的
無人書店等，全都是一些讓人
不禁希望「要是這附近有這樣
的店該多好」的超棒書店。

希望所有讀者都能抱著輕鬆
的心情踏入這些書店，就算上
門的目的是為了書店的生活雜
貨或是陳列都沒關係。想在咖
啡書坊裡看書，享受悠閒時光
也可以。當然，為了尋找一本
好書而去，是店家最歡迎的。
書店的樂趣可不只有一種。現
在，就請一手拿著本書，去尋
找自己喜歡的書店吧！

【 Category 01 】

眾多書店聚集的

愛書人之街

fin.

【 Category 02 】

發掘具有特色書店的
好奇心之街

※各頁的書店資訊裡所刊載的公休日，是扣除了「除夕新年」「夏季休假」以外的日期。詳情請自行至各書店的網站確認。
※本書刊載的照片是2016年採訪時拍攝的，書店的活動內容等可能會有異動。
※本書所提供的是2017年5月當時的資訊。而在本書出版後，部分內容或活動可能會有變動。

COLUMN
不可思議的書店

COLUMN
書店的樂趣

【 Category 04 】

在意外之地的書店
發現之街 (MAP)>>>P.132

📍 新宿

📍 神樂坂

📍 銀座・有樂町

📍 其他

天沼中學

7-11

環八通

Title ▶P.010

7-11

7-11

青梅街道

啟文堂書店 荻窪店

八重洲BOOK CENTER RUMINE 荻窪店

7-11

7-11

北口

荻窪站

西口　南口

LAWSON

6次元 ▶P.012

文祿堂荻窪店 ▶P.013

環八通

桃井第二小學

荻窪高中

N　0　　200m

Category 01

眾多書店聚集的
愛書人之街

荻窪 Ogikubo

西荻窪 Nishiogikubo

荻窪、西荻窪是個寧靜的住宅區，但令人意外的是，這裡也有不少個性化的商店。這當中有家具店、餐飲店，當然也有不少書店。

井荻町這一地區，從戰前到戰後，有不少作家和詩人曾住在這裡，例如作家太宰治、以及他的老師井伏鱒二。進入一九七〇年代以後，一群崇尚自由、強調自我意識，被稱為嬉皮的年輕人在西荻窪落腳。作家和嬉皮，儘管彼此立場不同，擁有各自的世界觀，並且貫徹在他們的生活之中。但正因為這兩者的存在，才讓這個地區聚集了這麼多、規模雖小卻獨具特色的商店。

西荻窪最具代表性的活動就是「西荻Book Mark」。該活動是由一群住在西荻窪的編輯和書店老闆發起的，每個月舉辦一次演講或是書本製作的研討會。這項活動之所以能夠成功，固然是因為有出版業者的參與，但更重要的是這裡住了許多愛書之人。一九七八年出版的《昔日之客》（三茶書房）之所以能夠再版，也與這項活動有關。拜二〇〇九年舉辦的座談會「閱讀《昔日之客》～大森　山王書房物語～」之賜，讓談該書的再版出現曙光，隨後也由吉祥寺的一人出版社──夏葉社進行該書的再版。

古書西荻MONGA堂
▶P.027

桃井4

桃井原公園

善福寺公園

7-11

青梅街道

桃井第一小學

荻窪警察局

7-11

荻窪郵局

井荻小學

東京女子大學

荻窪中學

7-11

八丁前

URESICA
▶P.026

今野書店
▶P.024

忘日舍
▶P.023

TIMELESS
▶P.025

文青堂

旅之書店NOMAD
▶P.022

吉祥女子高中

桃井第三小學

本宿小學

古書 音羽館
▶P.020

LAWSON

NIWATORI文庫
▶P.014

北口

西荻窪站

南口

JR中央線・總武線

Family Mart

青與夜之空
▶P.018

nawa prasad書店
▶P.015

西荻窪3

盛林堂書房
▶P.016

西荻窪4

西荻窪車站東

松庵小學前

信愛書店en=gawa

荻窪天祖神社

松庵文庫
▶P.017

7-11

神明中

松庵小學

古書BARU月YOMI堂
▶P.019

高井戶第四小學

西荻南第二

interviewee

名人帶路
廣瀨洋一

「古書 音羽館」的老闆。一九八五年出生於神奈川縣，大學畢業後，在東京町田的高原書店工作長達十年，之後決定自立門戶。二〇〇〇年在杉並區西荻窪開了音羽館。此外，由一群居住在西荻窪的作家和編輯等、愛書人共同策劃、舉辦的「西荻Book Mark」活動，廣瀨也是重要的幹部。他的興趣是欣賞音樂。著有《西荻窪的古書店》。

會被這麼多愛書人所喜愛。

店，一定可以理解為什麼這裡果您來到了本書中所介紹的書店，堪稱是書店的激戰區。如窪、西荻窪有許多個性化的書特定類型書籍的專門店。荻NOMAD這種，專門經營某個數。另外，也有像是旅之書店三年才開幕的書店也不在少Title、忘日舍等，最近兩、裡的書店不只有老店，例如PRASAD書店等。當然，這以及曾是嬉皮據點的NAWA史長達四十四年的今野書店，久的書店。包括見證當地歷窪、西荻窪，有不少歷史悠聚集許多熱情愛書人的荻

二樓是展示空間兼雜貨賣場，寬敞又明亮。

店內後方的咖啡座，老闆娘正忙碌著。這裡離車站有點距離，最適合逛街累了稍作休息。

書店的前身是一棟有數十年歷史的古老民宅，木質地板和樑柱，為店內營造出溫暖的氣氛。

Ⓐ 店內的平台上陳列著辻山先生推薦的書籍，以人文類和文藝類的書籍居多。
Ⓑ 歷年來長銷型的人文類書籍，千萬別錯過。

01

感受一輩子只有一次的相會

Title

NEW

（每月4～5次）

BOOKS	各種類型的書籍（文藝、人文、藝術相關的書籍居多）
SHOP NAME	來自於與書籍有關的詞彙
OPEN DAYS	2016年1月10日

來杯特調咖啡休息一下吧！

地址| 杉並區桃井1-5-2
營業時間| 12:00～21:00
公休| 星期三・每個月的第三個星期二
車站| 從JR荻窪站北口步行10分鐘
網址| http://www.title-books.com

📍 從青海街道往西荻窪方向走，就在右手邊。

從荻窪站步行約10分鐘，就可以來到這間由古老民宅改建而成的書店。踏進店內有一種說不出的舒服感，映入眼簾的平台上，陳列著時下最熱門的新書，全都是店長的推薦書籍。該店的選書有別於大型書店，肯定會給顧客相當多的驚喜。

以人文類書籍藏書豐富而聞名的LIBRO池袋本店，在二〇一五年吹起熄燈號，曾任該店店長的辻山良雄先生自立門戶，開了這間Title。

店內空間不算大。辻山先生的目光一望可即每個角落。為了讓顧客方便取書，書架維持的相當整齊。只要是顧客想要的系列書籍，店裡絕對會有庫存。這點看似理所當然，卻是書店經營最重要的一環，如此才能提供讀者一個安心選購書籍的環境。辻山先生最重視的是「不打擾顧客選書」，他也為此煞費苦心。從結帳櫃臺的位置就能看出辻山先生用心良苦，由於隔著一道牆，顧客無須在意老闆的目光，可以悠閒的在書架前瀏覽、選書。此外，店內也沒有廣告看板和書籍類別的標示，顧客很自然地穿梭在書架中。Title為「書與人的邂逅」，營造了一個很棒的空間。

A 櫃臺仍維持爵士酒吧時代的原貌。B 畫廊裡懸掛著年輕藝術家的美術作品。
C 可供出租的2千本舊書整齊排列著，甚至有不少海外遊客慕名而來，店內會定期舉辦活動。

地址 I 杉並區上荻1-10-3 2F
營業時間 I 有活動時才會營業
公休 I 不定期公休
車站 I 從JR荻窪站西口步行2分鐘
網址 I http://www.6jigen.com/

🔍 位於白山神社和中央線軌道之間老舊建築物。

02

不賣書的體驗型書店

6次元

OLD 📖 / 🖊 ☕ 🍴 🚩
（每週3次）

BOOKS ── 美術書籍、繪本、小說、詩集
SHOP NAME ── 希望顧客能在一個「3次元」的空間享受「2次元」書籍
OPEN DAYS ── 2008年12月8日

店內的時鐘，裡面放著《モモ》（桃子）（岩波書局）這本書。

位於一棟老舊建築物一樓和一／二樓的「6次元」，是間書局也是個畫廊。

不但牆上沒有招牌，店內也沒有電話，營業時間還不固定。書店的營運是以舉行讀書會、朗讀會和書籍的編輯講座等活動為主。

該店是經營超過三十年的傳奇性爵士酒吧「梵天」的舊址，這個空間可說是中央線上的祕密基地。書店的活動以「任何人都可以成為主角」為主題，曾舉辦過陶器修繕之夜、校正之夜、青苔之夜、不丹之夜等，以參加型的活動為主，書店每天都會進行實驗性的嘗試。

A 店內後方的牆上有一整面的漫畫書籍。
B 書店附近有不少與動畫產業相關的公司，因此相關書籍相當多。

G 店門口停放了一輛電動三輪車，那是移動書店「BOOK ROUTE」。D 這裡有相當多來自海外的漫畫，如此充實的藏書並不多見。E 佐佐木店長最重視的美術書籍專區，標示板上的文字體是文祿堂自創的。

03

街頭的書局，但有些不太一樣

文祿堂 荻窪店

 NEW

BOOKS ——各種類型的書籍
SHOP NAME ——「AYUMI BOOKS」書店的前身、來自江戶時代相當欣榮的書店「書肆文祿堂」
OPEN DAYS ——2015年12月19日

以人文類和藝術類的藏書豐富而負盛名的「AYUMI BOOKS」荻窪店，於二〇一五年冬天重新整修後開幕。除了保持原有的書籍特色外，還著重於雜貨類品項。店內除了有文具專區外，還規劃了多肉植物、廚房用品等期間限定的專區。

店長佐佐木佑介表示，「販售的書籍以因應顧客的需求為原則，任何類型的書籍都要有，但在這當中還是希望能夠給顧客一些『新鮮感』。在地客人相當多的文祿堂，只要稍微瀏覽書架上的書，就能約略了解荻窪是個什麼樣的地方。

地址 | 杉並區荻窪5-30-6福村產業大樓1F
營業時間 | 19:00～25:00、星期日・國定假日／10:00～24:00
公休 | 無休
車站 | 從JR荻窪站南口步行2分鐘
網址 | https://bunrokudo.jp/

📍 就在荻窪車站南口旁，店內停放一輛非常顯眼的電動三輪車。

A 因為結識散文作家淺生HARUM，老闆才開始收集木芥子玩偶。**B** 書店老闆的最大興趣，就是收集昭和30年前後時期的少年偵探小說。

C 文庫本依照作家姓名整齊排列，這在古書店是很少見到的。**D** 摺紙書等懷舊的書籍相當多。

地址 | 杉並區西荻南3-17-5
營業時間 | 12:00～22:00
公休 | 星期二
車站 | 從JR西荻窪站南口步行3分鐘
網址 | https://niwatorib.exblog.jp/

📍 藍色四方形的招牌是標誌，玻璃的櫥窗可以看見店內。

04

回到昭和時代

NIWATORI文庫

にわとり文庫

OLD

（每年1次）

BOOKS ── 文學、推理小說、科幻小說、昭和30年前後時期的少年偵探小說、繪本等。
SHOP NAME ── 開幕當年剛好是雞年（酉年）
OPEN DAYS ── 2005年6月16日

這間書店位於西荻窪車站南口的東邊，懸掛著藍色光澤招牌的就是「NIWATORI文庫」。這個招牌與車站月台上，寫著車站名稱的看板是相同的琺瑯材質（原田琺瑯製）。

店內的書籍涵蓋各種類型，但以推理小說和文學書籍居多。書架上除了有書籍外，還有許多精緻的紙製品、古董雜貨和可愛的木芥子玩偶。老闆田邊浩一希望這間書店能帶給顧客一種回到童年的感覺，有家的溫暖，也因此整間書店瀰漫著一股閑靜的氣氛，讓人充滿童心，捨不得離開。

A 「育兒專區」是針對有育兒煩惱的家長所規劃，非常適合新手爸媽。

B 「培育身體感覺」的專區，可以找到野口整體的創始者——野口晴哉的著作。

C 「改變生活」的專區，與農業或是目前相當熱門的永續農業相關的書籍非常多。

D 就在出了書店的門口旁，陳列著與算命相關的書籍和雜誌。

E 店內販售的雜貨小物，很多都出自於店長熟識的作家之手。

店鋪旁有一處取名為「Hobbit村學校」的空間，其實這裡是各類活動的會場。瑜珈、氣功、佛教畫等課程，都是在這裡進行。

05

有煩惱的人，請到這裡來

NAWA PRASAD書店

ナウプラサード書店

（每天）

BOOKS ── 以生活、農業、思想、身心靈等類型的書籍為主。

SHOP NAME ── 梵語中nawa的意思是「新的」，prasad意指「神的禮物」。

OPEN DAYS ── 1977年10月吉日

「NAWA PRASAD書店」的歷史悠久，店長高橋百合子說，在長達四十年的時間裡，這裡曾被視為嬉皮文化根據地。如今則自許為「從生到死的綜合書店」，店內的書籍是為了讓顧客能享受富饒的生活。儘管時間流逝，但書架上的書卻一點都不過時，顧客當中有不少忙於養育小孩的母親、或飽受身心問題所苦的人。

店內附設的「Hobbit村學校」也和書店一樣，在這裡舉辦的所有活動，都是為了讓顧客能擁有更好的生活。每天忙不停的人，歡迎到這裡來喘口氣。

地址｜杉並區西荻南 3-15-3

營業時間｜12:00～ 20:30

公休｜無休

車站｜從JR西荻窪站南口步行約3分鐘

網址｜https://www.nabra. co.jp/hobbit/ nawaprasad

📍被常春藤覆蓋，散發著獨特氣氛的建築物，書店就在3樓。

Ⓐ店內的書籍、書架的配置，每半年就會變更調整一次。Ⓑ作家、編輯和其他書店的老闆，也會來這裡租書架。Ⓒ以推理小說中出現的偵探為形象所設計的標誌

店內的舊書皆以蠟紙包覆，保存狀態良好。

有珍貴的
名作首刷本！

地址｜杉並區西荻南2-23-12
營業時間｜11:00〜18:30
公休｜星期一
車站｜從JR西荻窪站南口步行3分鐘
網址｜https://d.hatena.ne.jp/
　　　seirindou_syobou/

📍 就在大馬路旁，紅色屋頂和門口的百圓書籍專區是標記。

06

承繼近代文學的老字號舊書店

盛林堂書房

NEW OLD
📚 📚 👛 🚩
（一部）　（不定期）

BOOKS	近代文學、大眾文學、興趣書籍、絕版書籍、小出版物（新書）等。
SHOP NAME	從前一任老闆手中接下書店，不清楚店名的由來。
OPEN DAYS	1949年9月1日

對舊書迷而言，盛林堂書房絕對不陌生，從小在書店長大的老闆小野純一，自年少時期開始就見證了西荻窪的發展。

從前一任老闆的手中接下此店時，當時店內的書籍涵蓋所有類型，小野花了十三年的時間，才把書店調整為自己擅長的近代文學和推理小說領域。

此外，該店有許多其他書店少見的絕版書、小出版社的新書。還以盛林堂推理文庫之名，出版了一系列「被遺忘的經典好書」。是文學和推理小說愛好者不能錯過的書店。

A 一邊欣賞中庭裡樹齡超過百年的杜鵑，一邊享用午餐，非常愜意。**B** 將空間寬敞的客廳改建成為咖啡座，靠窗的座位是最棒的。**C** 配合店內舒適的空間，架上陳列的都是讓人不忍釋卷的書籍。**D** 透過玻璃窗，可以看到雜貨小物的賣場。

從西荻窪車站南口出來，往住宅區的方向走七分鐘左右，就可以看到一間很有氣氛的古老民宅。這裡就是販售新書和雜貨的咖啡書坊「松庵文庫」。

改建成書店的這棟民宅有八十年的歷史，前任屋主是一對音樂家夫婦，原本他們打算搬家後要剷平這棟房屋，現任的屋主岡崎友美知道後覺得「非常可惜」，於是買下這棟老宅。

書店的一樓是賣場和咖啡座，二樓是活動空間，會不定期舉辦活動，讓參加者彼此分享經驗、交流知識。而與活動相關的雜貨和食品可在一樓購買。來到這裡可享受到其他書店所沒有的寧靜時光與空間，非常值得一來。

07

在老宅改建的咖啡書坊，享受寧靜的空間與時光

松庵文庫

（不定期）

BOOKS	──由「Title」（P.10）負責選書
SHOP NAME	──取自地名的「松庵」
OPEN DAYS	──2013年7月7日

地址｜杉並區松庵3-12-22
營業時間｜11:30～18:00
公休｜星期一 二
車站｜從JR西荻窪站南口步行7分鐘
網址｜http://shouanbunko.com/

📍綠意盎然的入口，後方有高聳的全緣冬青樹，非常好認。

書店離喧囂的車站商圈有點距離。陽光透過大型的窗戶落在室內，在開放的空間裡選書。

書店中央的桌子上陳列著老闆覺得有趣的書籍，推薦的書籍有新書也有舊書。

地址｜ 武藏野市吉祥寺南町5-6-25
營業時間｜ 12:00～20:00
公休｜ 星期三
車站｜ 從JR西荻窪站南口步行12分鐘
網址｜ http://www.aotoyorunosora.com/

📍 剛好在西荻窪與吉祥寺的正中間，有顯眼的木頭看板，不會錯過。

08

探索「有品味的生活」

藍和夜之空

青と夜ノ空

NEW OLD 📚📚👛✏️🚩
（不定期）

BOOKS	與衣、食、住相關的書籍
SHOP NAME	來自於老闆喜歡的事物
OPEN DAYS	2014年10月2日

位於西荻窪和吉祥寺之間的都道七號線旁，有一間店名相當奇特的書店──「藍和夜之空」，店內的書籍全都與衣、食、住有關，有新書也有舊書，這些老闆精選的書籍，就像是一件件精美的雜貨小物般被陳列著。來到這裡，或許會發現平常很難得看到的書籍。

店內也經常舉辦各種展覽、演講、座談會等活動，顧客以女性居多，不少人表示：「這裡的書全都是自己喜歡的」。下次如果經過西荻窪或吉祥寺時，不妨到這間書店走走。

利用電影的簡介手冊製成的時髦菜單。

與料理和酒類有關的藏書相當豐富。

由於店名與月亮有關，店內以月亮圖案的棉布作為裝飾。

地址｜杉並區西荻南2-6-4-103
營業時間｜14:00～24:00
公休｜不定期公休
車站｜從JR西荻窪站南口步行10分鐘
網址｜https://www.facebook.com/tsukiyomidou/

📍店門口很有書房的感覺，書架上有折扣書籍。

店內有面向牆壁的座位，讓想要獨處的人享受一人時光。很適合唸書或是思考事情。上方的書架上，陳列著與月亮有關的圖像書籍。

09

在舊書吧享受屬於自己的時光

古書BARU 月YOMI堂

古本バル　月よみ堂

OLD

（不定期）

BOOKS ── 以酒類和飲食的書籍為主，還有文學和詩集等

SHOP NAME ── 將舊書吧和老闆個人喜歡的圖案「月亮」，這兩個元素相結合

OPEN DAYS ── 2015年4月3日

「古書BARU月YOMI堂」位在西荻窪，是一間為了愛書也愛酒的人而開的書店。有趣的是，店內分成書店區和酒吧區。顧客可以只逛書店，或是喝點小酒之後到書店買書。

酒吧的酒以威士忌居多，種類豐富。此外，也提供香醇的咖啡。如果散步累了，可進來稍作休息。老闆首藤七緒「非常歡迎想要享受獨處時光的客人上門」，這個空間傳達了老闆愛酒也愛書的心情，相當舒服。

店內書籍堆積如山卻整齊排列。照片前方的區域以藝術、思想和人文類書籍為主，左後方是文庫本、新書和漫畫等。這裡也能找到小出版社的新書或是自費出版的書籍。

A 書店的吉祥物音羽娃娃，出自老闆娘之手。
B 老闆在高中時代參加了吹奏樂器社團，因此店內有不少古典CD。C 店門口的均一價折扣書，井然有序的排列在畫有音羽娃娃的木箱裡。

地址 | 杉並區西荻北3-13-7
　　　BERUHAIMU西荻窪1樓
營業時間 | 12:00～23:00
公休 | 星期二
車站 | 從JR西荻窪站北口步行5分鐘

📍 為了讓顧客進出方便，特地設了兩個出入口。

10

門檻很低，志氣很高

古書 音羽館

NEW OLD
（2張月1次）

BOOKS	各種類型的書籍
SHOP NAME	老闆的興趣是音樂欣賞，因此選了「音」這個字，聽起來很響亮。
OPEN DAYS	2000年7月20日

店門口也設有特價區，這裡的價格比其他書店甚至是網路二手書店還要便宜。

如果提到西荻窪的舊書店，讓人立刻會聯想到「古書音羽館」。被書塞爆的店內從文庫本、新書、漫畫書等軟性書籍，一直到艱澀的專門書都有。而音羽館最大特點就是價格便宜。經常有不少顧客買書時，會發出「真的只要這種價錢？」的疑問。此外，老闆廣瀨洋一最常掛在嘴上的就是「選書的標準在於書的內容而是不是類型」。也因為如此，店內藏書相當豐富，顧客可以在這裡找到想要的書。這裡的特別之處，不在於能找到昂貴或是行家才懂得書，而是給顧客一種「去音羽館說不定會找到想看的書」這樣舊書店的命脈在於顧客的購買。為了讓每一本舊書都能被看見，排列方式就格外重要。除了依照書籍的類別分類外，有時也會設計話題專區推薦書籍。正如同「門檻低、志氣高」這句話，音羽館裡收藏了許多尚未被人發現的好書，期待顧客上門。

老闆廣瀨先生在高中時代，參加吹奏樂器的社團，負責演奏長號。店內播放的背景音樂以古典、爵士、巴薩諾瓦為主，完全不會妨礙顧客閱讀，反倒有不少顧客會詢問播放的曲名。

Ⓐ包括《瀨戶生活》在內，有不少地區性的雜誌。Ⓑ新書和舊書混在一起，是該書店的特色。Ⓒ依照地區分類，反映出老闆「希望大家出門旅行」的心情。

寬敞的店內，在中央的平台上舉辦了關注地區的書展。此外，還有許多過期的雜誌。

店內有許多勾起顧客旅遊慾望的商品，順道一提，老闆川田先生下一個想要去的國家是俄羅斯。

地址 | 杉並區西荻北3-12-10 司大樓1F
營業時間 | 12:00～22:00、星期日 國定假日／～21:00
公休 | 星期三
車站 | 從JR西荻窪站北口步行5分鐘
網址 | http://www.nomad-books.co.jp/

📍 店門是色彩鮮豔的藍色，非常醒目。玻璃門的入口，顧客可輕鬆進出。

11

想不想去旅行呢？

旅之書店NOMAD

旅の本屋　のまど

NEW OLD

（每月1～2次）

BOOKS —— 與旅行有關的書籍。
SHOP NAME —— 「NOMAD」是游牧民的意思，與「旅之書店」的名稱很搭，於是承繼前任老闆繼續使用這個名稱。
OPEN DAYS —— 2007年7月15日

出了西荻窪車站北口往左轉後直走，就會看到「旅之書店NOMAD」。書店老闆川田正和希望顧客走進店裡後，能了解旅行的樂趣，進而想要出去旅行。

因此，書店裡不光只有旅遊書，還有與旅行有關的散文和小說，翻閱之後會立刻感受到旅行的不可思議與魅力，產生了想要出去看看天下的念頭。

還有很多顧客是慕川田的大名而來，希望他能夠給予一些旅行上的建議，或是來跟他交流旅行的心得，可說是一間能感受旅行樂趣的書店。

A 該書架的主題為「Timely是社會性的」，架上的書並非是單純討論時事問題，而是探究值得讀者深思的問題背後。「正因為置身在現在這個時代，才需要讀這些書」、「這是未來必須面對的事情」。B 價格實惠的書陳列在半圓形的書架上。

地址 | 杉並區西荻北3-4-2
營業時間 | 星期五・六／13:00～21:00
星期三・四・日／～20:00
公休 | 星期一・二
車站 | 從JR西荻窪站北口步行3分鐘
網址 | http://www.vojitsusha.com/

📍因為沒有招牌很容易錯過，留意店門口的書架。

12

有餘裕的品味空間

忘日舍

NEW OLD

BOOKS	—	人文書籍（文學、文化人類學、社會學等）
SHOP NAME	—	取自於堀江敏幸的《河岸忘日抄》，希望顧客踏入書店後能暫時忘卻日常瑣事，享受書香。
OPEN DAYS	—	2015年9月28日

在書店「忘日舍」裡，陳列著書店老闆伊藤幸太認為「現在一定要讀的書」。店內書籍以舊書籍為主，此外還有其他書店所沒有的、個人出版社的書、自費出版品等的新書。住在附近的居民會特地來跟老闆聊天，話題當然是圍繞著書打轉，可以看出這間書店已經完全融入當地民眾的生活。

忘日舍的概念是「餘裕」，為了方便顧客找書，書籍的排列盡可能有間隙。老闆嚴選的書籍，以保有餘裕的方式陳列，營造出古書店少有的高品味。

Ⓐ陳列話題書籍的平台。推薦的書籍會以封面朝外的方式排列，讓顧客一眼就能看到。Ⓑ主題相同的書籍，無論是實用書或是雜誌，都會放在同個書架上。Ⓒ西荻窪、吉祥寺等，中央線沿線的相關書籍，都被放在同一個專區。Ⓓ位於地下室的漫畫店約有30坪大，收藏了兩萬五千冊的漫畫。

該店設計的免費刊物「Konnoko通信」也很受歡迎

地址 | 杉並區西荻北3-1-8
營業時間 | 星期一～星期六
　　　　　　/ 10:00～23:00、星期
　　　　　　日‧國定假日 /～22:00
公休 | 無休
車站 | 從JR西荻窪站北口步行1分鐘
網址 | http://www.konmo.shoten.
　　　　com/

📍從西荻窪車站北口往左轉馬上就能看到，綠色的屋頂和招牌相當醒目。

13

今後也會繼續支持西荻文化

今野書店

Category 01 : Ogikubo/Nishiogikubo

NEW 🔖💰✏️🚩

（每月1次）

BOOKS	各種類型的書籍（以文藝、人文書籍居多）
SHOP NAME	來自於創店者的姓氏
OPEN DAYS	1967年（2011年搬遷）

一九七三年來到西荻窪，一轉眼就是四十四年，街角的書店「今野書店」屹立不搖。所有店員對書都相當了解，這是顧客給今野書店的評價。社長今野英志也說，書店能持續經營到現在，完全要歸功於優秀的員工。

店內最值得一看的就是放置人文書籍和文藝書籍的平台，還有不少與出版產業相關的書籍和文學書，累積了不少粉絲，也有參考書等滿足附近居民的需求。近幾年來，西荻窪的新書書店關了好幾家，但對西荻窪的居民來說，今野書店已經是不可或缺的存在了。

▲HORUPU出版社出版的名著復刻版系列，是老闆岩崎先生最為推薦的。B利用舊的繪本製作而成的書店原創貼紙，非常受歡迎。C裝訂精緻的書籍，整齊的排列在稍嫌狹窄的店內，讓人忍不住想要帶走。D大正至昭和初期的文藝書，有著典雅的設計。

14

收藏了不隨時光流逝而褪色的書

TIMELESS

BOOKS —— 美術書、攝影集、繪本、文藝書、雜誌

SHOP NAME —— 書店老闆認為，書籍「不受時間流逝的影響，而是跨越時代（＝TIMELESS）的」

OPEN DAYS —— 2011年8月3日

「TIMELESS」是一間只在周五和週末開門營業的舊書店，書店老闆岩崎木之實說：「書本就像是室內裝飾，豐富我們的生活」。隨著季節和心情改變店內陳列的書，讓人感受到書籍在閱讀以外的魅力。

正因為書店老闆獨特的觀念，因此店內的書大多都是攝影集、美術書，或是裝訂精緻的書本，充滿視覺享受的魅力。而且每一本書就如同店名一樣，其價值不會隨著時間流逝而消失，用另一種觀點來品味書吧！

地址｜杉並區西荻北3-21-5
營業時間｜12:00~19:00
公休｜星期一～四
車站｜從JR西荻窪站北口步行2分鐘
網址｜http://timelessnishimgi.
tumblr.com

從站前圓環的小巷轉進去就在右手邊，有著瓦礫屋頂的紅磚建築。

A 由URESICA發行的書《TENMARUTO家族繪日記》。B 陶器品相當多，店內也販售布、紙類的雜貨小物。C 一樓的左側是販售部，右後方是書廊。D 二樓畫廊的牆上掛滿了作品，同時還有展示作家的著作。

15

來找找喜歡的作家

URESICA

NEW OLD

[每天]

BOOKS	繪本、自然科學、藝術、設計等方面的書籍
SHOP NAME	取自於書店老闆的家鄉、九州的方言「很快樂」的意思
OPEN DAYS	2010年5月1日（2014年搬遷）

地址 | 杉並區西荻北2-27-9
營業時間 | 12:00～20:00
公休 | 星期二（星期三會不定期公休）
車站 | 從JR西荻窪車站北口步行7分鐘
網址 | http://www.uresica.com/

◉ 從西荻窪車站北口往善福寺川的方向走，會看到一間白色建築物。

［URESICA］是一間為了介紹藝術家給讀者認識而誕生的書店。書店老闆KAMA-TAYURIKO過去曾經營一個介紹藝術家及其作品的網站，當時她深切的體會到，有必要讓民眾能實際看到這些作品，於是開了這間書店。

店內陳列的書籍都是與展示作品有關，而不是像其他書店的展示品是與書籍有關。為了介紹更多的藝術家給外界認識，店內才開始有了書籍和雜貨。正因為這個緣故，該書店與藝術家一起孕育出許多原創作品，這間書店可說是老闆與藝術家共同創造的結晶。

A 次文化的書架。攝影家荒木經惟所寫的純文學著作也在書架上。B 井伏鱒二、上林曉等人，阿佐谷文士村的核心人物的著作。C 《再來一杯咖啡》（コーヒーもう一杯）的作者山川直人自費出版的書籍，該書店也有販售。D 出租給參加「一箱舊書市」活動的民眾的書架，展現獨特的風格。

「古書 西荻MONGA堂」書店是以近代文學為主，陳列許多次文化的書籍。其中又以與昭和初期的文人所居住的、阿佐谷文士村有關的作品居多，大文豪井伏鱒二和太宰治兩人也都來自於此地，後來才移居到荻窪。核心人物之一的德國文學家浜野修的親人也住在附近，因此店裡有許多相關書籍。該店的標誌是一隻鳥，這是因為「日本野鳥協會」的發源地就是在附近的善福寺池，由此可知這家書店已經在西荻窪紮根了。

16

在鮮為人知的舊書店挖寶

古書 西荻MONGA堂

古書　西荻モンガ堂

NEW OLD

BOOKS	各種類型的書籍（近代文學居多）
SHOP NAME	以西荻窪的地名再加上書店老闆的綽號組合而成
OPEN DAYS	2012年9月15日

地址｜杉並區桃井4-5-3 Lions Mansion西荻102
營業時間｜12:00～21:00
公休｜星期三（有時會臨時公休）
車站｜從JR西荻窪車站北口步行14分鐘
網址｜http://momoitori.wixsite.com/mongadou

門口有許多的特價書以及鳥的標誌。

眾多書店聚集的
愛書人之街

谷中 Yanaka
根津 Nezu
千駄木 Sendagi

（地圖標示）

暮里舍人線
暮里車站
—— LIBRO ecute
日暮里店
尾久橋通
日暮里中央通
第二日暮里小學
尾竹橋通
竹台高校
JR山手線
JR常磐線
根岸小學
鶯谷車站前
言問通
寬永寺
京成本線
上野中學
鶯谷車站
東京藝術大學
國立博物館
上野恩賜公園
東京都美術館
國立科學博物館
上野門物園

保留著昭和氣息的老街——谷根千，這裡有許多充滿特色的商店，極具人氣。谷根千這個名稱來自於一九八四年創刊的地區性雜誌《谷中・根津・千駄木》，這是粉絲對該雜誌的略稱。

谷中當地有不少從江戶時代傳承至今的神社和寺廟，可說是寺廟之街。位於谷中中心地區的谷中銀座商店街，總是充

滿邊走邊吃的觀光客。而根津的根津神社被為「文豪休憩之石」而聲名大噪，據說明治時代的大文豪夏目漱石，經常坐在這個石頭上休息，這附近地區尤其充滿濃厚的老街風情。千駄木則是因為森鷗外、川端康成等大文豪住在這裡，而有了文豪之街的美名。

自古以來就跟文學有著深厚淵源的谷根千，有相當多與書本息息相關的活動。比方說，由往來堂書店、古書HOURUO等當地的書店，以及住在該地區從事與書籍有關工作的居民發起的「不忍書街」。該地區的書店雖然不多，但都各具有特色。二〇〇五年開始的「不忍書街」，就是從「書街」這個觀點重新審視谷根千。而相關的活動包括了「一箱舊書市」，民眾將舊書裝在一個紙箱裡，跟當地店家租店門口的位置賣書。還有，免費分發標記著書店和散步景點的地圖，以及由出版社和書店共同經營的「不忍君

駒込醫院

千駄木小學

7-11

文林中學

道灌山下　● 7-11

第一
日暮里小學

古書HOUROU
▶P.037

武藤書店

7-11

古書 信天翁
▶P.038

7-11

2號出口

羽鳥書店

駒込高中
文明堂書店

団子坂上

森鷗外紀念館

本駒込車站

駒本小學

団子坂下

千駄木車站

1號出口

古書 OLD SCHOOL
▶P.039

第八中學

谷中小學

向丘2

book&café BOUSINGOT
▶P.041

汐見小學

古書 鮫之齒
▶P.040

東京METRO南北線

本鄉通

往來堂書店
▶P.030

郁文館高校

古書bangbooks
▶P.032

舊白山通

向丘
高中

向丘1

FamilyMart

日本醫大

千駄木2

午睡貓咪BOOKS
▶P.033

7-11

谷中6

根津神社

東京METRO千代田線

不忍通

言問通

誠之小學

燕子書店
▶P.034

根津小學

1號出口

根津1

根津車站

文京
學院大學

東大前車站

東京大學

2號出口

上野
動物[

第六中學

彌生坂綠之書架
▶P.035

田中書店
▶P.036

N　0　　　　200m

interviewee

行家帶路

南陀樓綾繁

一九六七年出生，作家兼編輯。同時也是谷中・根津・千駄木舉辦「一箱舊書市」的組織、「不忍書街」的代表，積極參與各地與書籍有關的活動。也是送書到災區「一箱書運送隊」的活動發起人。二〇一六年秋天創辦了雜誌《HITOHAKO》，其內容是將「書籍和城市和讀者」結合在一起。近期的著作有《ほんほん本の旅あるさ》、《谷根千ちいさなお店散步》等書。

天氣時，最棒的散步路線。

的書店逛過一遍，享受老街風情和書香。這是風和日麗的好

冰，非常享受。把所有谷根千向走。一邊逛書店，一邊吃到

了車站朝谷中銀座商店街的方可從日暮里車站西口出發，出

點。若想從谷中走到千駄木，事舞台「團子坂」等知名景

目漱石的小說《三四郎》的故書店和其他六家書店，以及夏

行到根津。沿途可造訪往來堂谷根千的話，推薦從千駄木步

如果想要深入了解書店之街

等新書店相繼誕生。

BOOKS」、「彌生坂綠之書架」動之賜，最近幾年「午睡貓咪

書之緣日」等活動。拜這些活

Ａ 手寫的標示在旅遊叢書的書架上，除了旅遊指南之外，甚至還有交通工具的時刻表，種類相當齊全。Ｂ 同時代的名人所寫的評論也會放在一起，書與書之間的關連性是該書店書籍陳列的最大特色。Ｃ 顧客訂購的書會在最短時間內取得。Ｄ 為了特地到谷根千來散步的顧客，谷根千的相關書籍當然不可少。

地址 ┃ 文京區千駄木2-47-11
營業時間 ┃ 星期一～六／10:00～22:00、星期日 國定假日／11:00～21:00
公休 ┃ 無休
車站 ┃ 從東京METRO千駄木車站1號出口步行5分鐘
網址 ┃ http://www.ohraido.com

📍 外觀看起來是普通的書店，有醒目的藍色屋頂。

人來人往，充滿了不可思議

往來堂書店

NEW

〔每年2次〕

BOOKS	—	各種類型的書籍
SHOP NAME	—	人來人往的（＝往來）書店
OPEN DAYS	—	1996年11月吉日

乍見「往來堂書店」，就像是街角普通的書店。但是，一旦將目光移到書架上，肯定讓人目不轉睛。店內的書籍排列方式，既不是依照出版社也不是按照作者姓氏，而是依照書籍的內容或是主題來排列，而且每本書和左右兩側的書籍一定有關連。這樣的排列設計稱為「文脈排序」。現在，其他的書店也能看到這樣的排列方式，而「往來堂書店」正是創始店。店內的書籍除了有時下暢銷書之外，還有大型書店所沒有的冷門書籍、長銷好書以及自費出版品等。

如果有值得推薦給讀者的書籍，店家不會只是在Twitter或是網站上單純的發佈訊息，而是會告訴讀者「為何推薦本書」，傳達書店店員的想法。接收到訊息的讀者來到書架前，自然而然就會待了下來。這就是往來堂書店顧客絡繹不絕的原因。即使是平日的午後，店內也很熱鬧。如其店名，是一間人來人往的書店。

E 用來聆聽顧客心聲的信箱。**F** 該店獨自發行的免費刊物「往來子新聞」，裡面有許多的資訊。**G** 週刊文庫暢銷排行榜第一名是《千駄木の漱石》（筑摩書房）。不同於大型書店的排行榜。**H** 書店的第二代店長笈入建志認為，「每位店員能徹底的了解每本書，這只有在往來堂書店這樣的小書店才能辦到」。

讀むと
いい事がある

＊看這本書會有好事發生喔！

順著谷根千的小巷「蛇道」走，就會看到一間瀰漫著復古氣氛的舊書店。

被可愛的外觀吸引踏入店裡一看，整間書店瀰漫一股懷舊的氣息。不過，仔細一看店內的藏書，幾乎都是平日很少見、相當深奧的書。

書店老闆田中大介在顧客喜愛的商品和自己的興趣之間取得平衡，書籍的種類變得多元，現在以動植物相關的書籍，以及戰後的紀實文學為主。這是一間非常可愛，很有歷史感的書店。

02

小巷裡突然出現的異次元小屋

古書 bangobooks

 OLD

BOOKS	—— 戰前至戰後的紀實文學等
SHOP NAME	—— 看守（bang）者的小屋的意思， 同時也販售家庭用品或是「奇怪的 東西」，希望能成為這樣的書店。
OPEN DAYS	—— 2009年10月1日

地址 | 台東區谷中2-5-10
營業時間 | 12:00～19:00
公休 | 無休（有時平日會無人在）
車站 | 從東京METRO千駄木站1號出口步行6分

網址 | http://bangobooks.com/

📍 就在「蛇道」這條小巷裡的藍色建築。

Ⓐ空間狹窄的店內塞滿了各種類型的書籍。Ⓑ店內有不少昆蟲和動物的書，這是店長自小的興趣。Ⓒ書的封面朝外陳列，但愛書人通常會尋找該書後方的書籍。Ⓓ外面書架上的書比較新，顧客可以坐在椅子上慢慢挑選。

店外顯眼的亮藍店招！

A 一進門就可以看到許多繪本以及雜貨小物。**B** 書店後方有咖啡座，是作品展示的空間。**C** 從飼養方式到隨筆、小說、專門書等，貓的書籍相當多。**D** 貼著許多左鄰右舍的貓咪照片。

地址 | 台東區谷中2-1-14-101
營業時間 | 11:00～20:00
公休 | 星期一
車站 | 從東京METRO根津站1號
　　　出口步行6分鐘
網址 | http://hirunekobooks.
　　　wixsite.com/hiruneko

♥ 店門口前有一塊寬敞的空地，門口是玻璃櫥窗，能很放鬆的進出。

03

像貓咪一樣在向陽處休息一下

午睡貓咪 BOOKS

ひるねこ BOOKS

NEW OLD

［每月2次］

BOOKS	與貓咪、北歐和生活相關的書籍、繪本等
SHOP NAME	正在思考要如何「打造一間能帶給顧客療癒效果的書店」時，突然想到貓咪午睡時的模樣。
OPEN DAYS	2016年1月11日

「午睡貓咪BOOKS」是小張隆所開的舊書店，他原本是在一間繪本出版社工作。玻璃門窗的入口相當寬敞，無論是女性或小朋友，都能很放鬆的入內。白天時，整間店陽光和煦，給人一種恬靜舒適、溫暖的氣氛所吸引而入內，超NICE的店老闆迎面而來。

這裡除了貓咪的書籍外，繪本和童書也藏書豐富。為了讓母親們稍微休息閱讀好書，老闆準備了許多內容輕鬆的小說或是散文。該書店也頻繁舉行藝術家展、座談會等，具有獨特魅力。

A 店內展示的書籍和雜貨，每一樣都相當可愛。還有出自書店老闆楠先生之手的毛氈作品。**B** 楠先生在日本國內外購買的人偶。**C** 店內的商品、陳列用的架子、壁紙，以古董居多。

裝訂美麗，在日本也有相當多粉絲的德國古書(Insel-bücherei)，是該店的明星商品。

燕子是帶來幸福的鳥

地址┃文京區根津1-21-6
營業時間┃12:00〜18:00
公休┃星期二 三
車站┃從東京METRO根津站1號出口步行6分鐘
網址┃https://ja-jp.facebook.com/Tsubamebooks

📍 面向根津神社、有著白色牆壁和粉藍色大門的可愛店鋪。

04

古董雜貨和猶如藝術作品的書籍

燕子書店

ツバメブックス

OLD
📚 👛 ✏️

BOOKS ── 畫集、攝影集、設計書、東歐的繪本、國內的文藝書等
SHOP NAME ── 燕子是幸福的象徵
OPEN DAYS ── 2011年10月8日

位於根津神社正對面的燕子書店，店內陳列了由書店老闆楠NOBUO所收集的東歐繪本、明治昭和時代國內的文藝書以及古董相機和人偶。老闆同時也是一位羊毛氈創作的職人，個人的創作可在該店購買。

儘管店內的書籍橫跨眾多領域，卻意外地沒有違和感，那是因為店長把書籍當作藝術品。為了配合這些書籍和雜貨小物，店內走古董風格。能細細品味「老東西」的燕子書店，儘管空間不大卻大有學問。

A 店內中央有許多關於植物的書籍。B 書店後方有咖啡館，窗外是露天咖啡座。C 也有很多園藝書籍。D 這裡有相當多的文庫本，包括老闆個人很喜歡的作家——米原萬里的作品。E 店門口擺設盆栽，有很多奇特的植物。F 被當作書店標誌的多肉植物

地址 I 文京區彌生2-17-12野津第二大樓1F
營業時間 I 13:00～21:00、星期日／～18:00
公休 I 星期一（星期四不定期休假）
車站 I 從東京METRO根津站1號出口徒步3分鐘
網址 I https://www.midori-hondana.com/

✎ 乍看之下以為是花店，店門口陳列了很多書籍。

05

在綠意包圍下看書、喝杯咖啡

彌生坂 綠之書架

弥生坂 綠の本棚

OLD 📖 👝 ✏ ☕ 🍴 🚩
（每月1次）

BOOKS	以植物、生物為主的相關領域
SHOP NAME	想把「綠色」和「書本」結合在一起
OPEN DAYS	2016年2月10日

根津的「彌生坂 綠之書架」，是一間充滿綠意的咖啡書坊。濕氣，一直是書本的最大敵人，很難在書店放置觀賞用植物以外的植物。這間書店之所以能辦到，最主要是因為老闆綱島則光曾在花店工作好長一段時間，了解多肉植物耐旱、空氣植物不需要土壤，無須擔心水會傷害書本。

在這樣被眾多植物包圍的環境下看書，不知不覺間，心情也跟著輕鬆起來。店內的咖啡館所提供的食物以輕食和飲料為主，也可享用午餐。在書店後方的開放咖啡座，閱讀剛剛購買的書籍，可說是一種奢侈的享受。

書店沒有門，能輕鬆的走進來。這裡的書籍以充滿視覺美學的攝影集或是畫冊為主，還有可輕鬆閱讀的書籍。店內的陳列方式每天都會改變，每次去都有不同感受，非常有趣。

地址 I 台東區池之端2-7-7
營業時間 I 12:00～20:00
公休 I 星期一（會不定期公休）
車站 I 從東京METRO根津站2號出口步行1分鐘
網址 I http://blog.livedoor.jp/tanakahonya/

📍白色牆壁以及可從外面看到店內書架是該店特點。

一起認識田中先生吧！

田中書店

タナカホンヤ

 OLD

BOOKS	→ 攝影集、美術書、設計書籍等
SHOP NAME	→ 來自書店老闆的名字
OPEN DAYS	→ 2012年5月19日

「田中書店」是一間不可思議的書店。在一個異國風的車庫空間裡，意外的讓人感到舒服。原來，老闆田中宏治在專門學校畢業後，就到印度等國家去旅行。後來在沖繩開了一間期間限定的書店，這就是田中書店的起源，回到東京後在現在的地址開店。書店裡自由且開放的氣氛，就是田中書店的最大特色。

「我是田中書店的田中，歡迎光臨」，這是老闆的招牌問候語，想要親耳聽聽看嗎？來一趟田中書店就對了。

以田中先生為模特兒的插畫招牌，出自於插畫家Naganochisato之手。

A 古書HOUROU是不忍書街（請參照P.28）這項活動初期的核心成員。B 店內的鋼琴是定期在書店舉行現場演奏的作家——吉上恭太割愛給老闆的，鋼琴上陳列的則是鋼琴的第一任主人內田莉莎子翻譯的書籍。C 書店裡到處都有椅子，可以靜下心來選書。D 小出版社的新書數量之多，是一般書店少見。E 店內經常會有特價書。

地址 | 文京區千駄木3-25-5
營業時間 | 12:00～23:00
　　　　　　星期日 國定假日／～
　　　　　　20:00
公休 | 星期三
車站 | 從東京METRO千駄木站2
　　　　號出口步行5分鐘
網址 | http://horo.bz/

⚲ 店門口有一整排的書，還有寫著「古書HOUROU」的招牌。

07

品嚐找書的樂趣

古書HOUROU

古書ほうろう

 NEW OLD 〈部分〉

BOOKS	各種類型的書籍
SHOP NAME	來自於小坂忠的歌曲「HOUROU」的歌詞
OPEN DAYS	1998年1月吉日

古書HOUROU是谷根千的老字號舊書店，三十三坪的店內不算寬敞，堆滿了各式各樣的書籍，種類相當廣泛。除了舊書店外，還可以發現位於附近的羽鳥書店等小出版社發行的新書。繞店內一圈後，讓人不禁發出「竟然有這種書」的讚嘆。

書店老闆宮地健太郎認為，「網際網路滲透到我們生活裡的現在，人與人的面對面顯得格外重要」。書店也會透過友人或鄰居的介紹，積極的參與許多活動。店內的新書，也是因為和出版社的某種緣分才開始放置的。來到這裡，才能體會「找書的樂趣」。

「古書信天翁」是由原本在古書HOUROU（P.37）工作的山崎哲和神原智子夫婦獨立開設的書店，夫妻倆會選在谷根千開店，最主要是因為喜歡這個地區。該書店的書，幾乎都是附近的顧客出售的。收購來的書，店長夫婦不會分門別類，而是直接放在書架上，這樣的排列方式，正是該書店的魅力所在。光是看書脊，就可了解這本書之前的所有者的個人興趣、嗜好甚至是想法，讓人感到不可思議，同時也感受到書本的魅力。古書信天翁聚集了該地區的民眾所閱讀的書籍，像信天翁般展開旅程。

08

從書架上了解谷中這個地方

古書 信天翁

BOOKS	各種類型的書籍
SHOP NAME	信天翁離巢獨立可能需要花點時間，一旦展翅飛翔、姿態會比其他鳥類來得更雄偉
OPEN DAYS	2010年6月18日

地址｜荒川區西日暮里3-14-13　KONISHI大樓202
營業時間｜星期三～六／13:00～20:00、星期日 國定假日／12:00～
公休｜星期一 二
車站｜從JR日暮里車站北剪票口 西口步行3分鐘
網址｜http://www.books-albatross.org/

📍書店的位置就在爬上俗稱「夕燒石階」後的大樓2樓。路上也陳列許多書。

A 從該書架上的藏書可以得知，之前的持有者對美國文學和公民權運動很感興趣。B 從窗戶看出去，能俯瞰谷根千最有名的景點、夕燒石階。C 在大樓前舉行單一特價，結帳要到二樓的書店。D 店中央的書架上擺放著小出版社的新書。

「古書OLD SCHOOL」由SCHOOL」一字，他個人圓城寺隆先生所經營，他非常喜歡，因此作為店名。曾在出版業的批發公司工彼此不認識的陌生人，作超過十五年，離職後因為「愛書」這個共通依舊從事與書籍有關的點，成為好朋友。被紐約工作。店內的書以一九六這種讀書文化所吸引的圓○至七○年代的書居多。城寺，今後還計畫到紐約店名來自於美國的俚語，的書店進貨，帶回日本與他因為熱愛音樂，曾多國內讀者分享。次前往紐約參與音樂活動，當時經常聽到「OLD

09

來這裡找尋「古老而美好的書籍」

古書 OLD SCHOOL

OLD 📚👜

BOOKS	—	國內外的文藝書籍、音樂書籍、繪本等
SHOP NAME	—	來自於美國的俚語「古老而美好」
OPEN DAYS	—	2016年2月6日

Ⓐ與紐約和貓咪相關的書籍陳列在店內的一角，夫妻兩都很喜歡貓咪，去過紐約10次以上。Ⓑ專門陳列與美國音樂有關的書籍，圓城寺個人非常喜歡爵士樂，擔任吉他手。Ⓒ野坂昭如的《螢火蟲之墓》（火垂るの墓，文藝春秋）等，文藝書籍相當多。

地址｜台東區谷中3-5-7
營業時間｜13:00～19:00
公休｜不定期休假
車站｜從東京METRO千駄木站2號出口步行3分鐘

📍從谷中防災廣場、初音之森前面的道路轉彎，就在左手邊。

A 「初音」的古董、舊書等，塞滿整個店內，以國內的古董居多。**B** 猴子的擺飾配上《西遊記》，古董與書完美的結合。**C** 以和書當作包裝紙使用。**D** 店內有許多古董級的玩偶、面具和佛像，歷經歲月的洗禮，散發著獨特韻味。

10

打開門，彷彿回到了昭和時代

古書 鮫之齒

BOOKS	昭和中期～後期的文學、人文、美術書籍
SHOP NAME	取自於南方地區「生命力」的象徵——鮫之齒
OPEN DAYS	2015年12月1日

地址｜台東區谷中7-5-11
營業時間｜中午～傍晚
公休｜星期三 每個月的第三個星期日
車站｜從JR日暮里車站北剪票口西口，步行9分鐘
網址｜http://www.samenoha.com/

● 就在谷中墓園旁，該書店的大門厚實，令人印象深刻。

在谷根千的谷中墓園旁，有一間舊書店「古書鮫之齒」。穿過了厚實的大門後，來到一處有著小庭院的老舊民宅。踏進屋內，許許多多的舊書和古董映入眼簾。店內的古董數量眾多，是因為書店老闆小川政考繼承了母親所經營的古董店「初音」。可能是因為這個因素，很多人把這間店當作是古董店。書店裡的藏書以昭和中期到平成初期的為主，其中以文學書居多。

空間不算寬敞的店內，擺滿了書籍，以及用來裝飾的古董。來到這裡彷彿時光倒流，回到了昭和時代，感受濃厚的懷舊氣氛。

A 羽毛田先生飼養的文鳥，從道路旁的小鳥籠守護著店內。B 學生時代專攻法國文學的羽毛田先生，從書架裡的藏書，不難看出他的這個經歷。C 咖啡座在左手邊還有吧台，其餘的空間都是書架。D 發現了與該店標誌相同的尿尿小童電鈴。

地址 | 文京區千駄木2-33-2
營業時間 | 傍晚（不定時）～23:00
公休 | 星期二（如遇國定假日改為星期三）
車站 | 從東京METRO千駄木站1號出口步行2分鐘
網址 | http://bousingot.com/

📍就在不忍通上，有一個寫著「舊書和咖啡」大字的招牌。

11

充滿法式古風的氣氛

books & café BOUSINGOT

OLD

BOOKS —— 文學、人文、思想、藝術相關
SHOP NAME —— 19世紀法國帝政派的Le FiGaro報紙，稱激進共和派的年輕詩人和作家為BOUSINGOT（人偶）
OPEN DAYS —— 2006年1月30日

「希望能為平常不去舊書店的顧客，送上新書書店所沒有的舊書」，懷抱這種情懷的羽毛田顯吾，於是開了這間「books & café BOUSINGOT」。

開幕當時，店內的書籍以老闆個人的藏書、法國文學的書籍居多，隨著店長個人的興趣來越廣泛，書籍種類自然也跟著增加。然而共通點是能被當代相傳，成為古典的書籍。隨著羽毛田的興趣越來越多樣化，並且展現在書架藏書的排列上，讓顧客可以追隨店長的腳步。不單只有咖啡、紅茶，甚至還能享受美酒，沈浸在舊書的世界裡。

眾多書店聚集的
愛書人之街

下北澤

Shimokitazawa

下北澤是一個擁有很多面象的地方，比方說音樂之街——這裡有一九七九年開始的「下北澤音樂祭」，以及搖滾樂團「Sunny Day Service」主唱——曾我部惠一經營的咖啡館「CITY COUNTRY CITY」、以及為數不少的LIVE HOUSE和唱片店，聚集許多想要從事音樂工作的年輕人。

此外，這裡也是有志從事表演工作的年輕人聚集的戲劇之街。曾經是演員的木多一夫於一九八一年在下北澤開設了「The Suzunari」劇場，之後劇場如雨後春筍般出現，時至今日仍有超過七間劇場屹立不搖；ＮＨＫ晨間連續劇「小海女」的編劇、宮藤官九郎所屬的劇團「大人計畫」等，知名、不知名的劇團，都在這裡公演。

下北澤也是個性咖啡館的聚集地，比方說BEAR POND ESPRESSO，有不少外國遊客特地前來品嚐該店的義式咖啡；還有精緻咖啡專門店的自家焙煎咖啡「豆屋café use等，咖啡店的店數驚人。

而不太為人所知的是，下北澤也是文豪之街。戰前、戰後時代，以《月亮吠叫》（月に吠える）一文聞名的詩人萩原朔太郎、《墮落論》的作者坂口安吾等多位文人都曾住在這裡。即使是現在，暢銷書《廚房》的作者吉本芭娜娜等，許多作家都跟下北澤有其淵源。

被下北澤的多元文化所吸引，聚集的人潮也隨之增加的另一個原因是這裡有許多的書店。包括了戲劇和藝術書籍居多的「古書BIBIBI」、在性別特質和思想等專業領域藏書豐富的「書吉」，收藏不少海外藝術家自費出版品的「commune」等，都是一些具有獨特風格的書店。

不可不提的是二○一二年開店的「書店Ｂ＆Ｂ」，店內陳列著經過嚴選的書籍以及每日舉行的活動，吸引不少人特地前來下北澤朝聖。還有在二○一六年開幕的活動場所「下北澤Cage」，至今已舉辦過多次二手書、二手衣的販賣市集。

除了在此所列舉的音樂、戲劇、書籍和咖啡之外，近幾年吹起的二手衣熱等新風潮，也是從下北澤開始的，快來這裡尋找屬於自己的快樂方式吧！

● LAWSON

● CLARIS BOOKS
▶P.052

FamilyMart ●

小田急小田原線

anthrop. Espresso&Biblo
▶P.051

● 7-11

三省堂書店
下北澤店

OZEKI超市

下北澤
醫院

北澤
TOWN HALL

古書BIBIBI
▶P.048

書吉
▶P.047

下北澤車站

西口

北口

本多劇場

VILLAGE/VANGUARD 下北澤店
▶P.046

南口

京王井之頭線

下北沢站

書店B&B
▶P.044

● 7-11

FamilyMart ●

新代田 羽根木   0   200m

commune
▶P.053

環
七
通

下北澤小學

RBL CAFÉ
▶P.050

Brown's Books&Cafe
▶P.049

DARWIN ROOM

氣流舍 ●

京王
井之頭線 新代田車站

氣流舍

代澤三叉路

N

0   100m

店內的平台、椅子和其他家具，全都來自綠之丘的家具店「KONTRAST」的北歐木製品。令人驚訝的是，大部分的家具都可以購買。

地址丨世田谷區北澤2-12-4第2MATSUYA大樓2樓

營業時間丨12:00～23:00（LO 22:30）

公休丨無

車站丨從京王井之頭線 小田急小田原線下北澤站南口步行30秒

網址丨http://bookandbeer.com/

📍朝「B&B」的綠色招牌前進，位於建築物的2樓。

01

下北澤書店文化的發祥地

書店 B&B

NEW 📚🛍️✏️☕🍴🚩（每天）

BOOKS ——— 各種類型的書籍

SHOP NAME ——— 賣書（Book）和啤酒（Beer）的書店

OPEN DAYS ——— 2012年7月20日

書店B&B是一間以「今後的街角書店」自居，選在下北澤開業的新書書店。每天都會舉辦活動，且能在店內一邊喝啤酒一邊看書。店內的雜貨小物、書架和椅子都是對外出售的商品，新型態的經營方式，開幕時還一度成為熱門話題。

開幕至今過了五年，不但店內陳列的書籍數量增加，原創商品、雜貨的商品線也跟著多樣化。飲料菜單上除了啤酒外，還有咖啡和紅茶，儼然成為下北澤書籍活動的中心地。

「在書店裡，能看到日常生活中被大家所忽略的部分。」店長寺島SAYAKA如此說道。仔細看看書架上的書籍，並非是什麼罕見、珍貴的書，卻讓人忍不住想伸手翻閱，那是因為這裡讓讀者發現了該本書的有趣之處。下北澤書籍文化的發祥地．B&B今天也持續進步著。

書店後方有寬敞、舒適的空間，和開店初期相比，現在的氣氛更適合久坐。星期六、日的白天和晚上，以及平日的夜晚，會在這裡舉行活動。照片上的書架，陳列的是社會和文學類的書籍。

A 與下北澤有關的書籍陳列在入口處，其中包括了吉本芭娜娜的著作。**B** 社會學類別的書籍，陳列在店內後方的書架上，在這還可以找到與育兒、教育有關的書籍。B&B收集與分類書籍的觀點相當獨特。**C** 這是民俗和工藝叢書的書架。有賣雜誌《工藝青花》的書店，可說是相當少見。**D** 在B&B可以喝著啤酒，悠哉選書。

與書店有關的藏書相當豐富。店內的廣告文宣內容像是在跟讀者聊天，這樣的書寫方式是該書店的特色之一。

VILLAGE/VANGUARD 下北沢店史上，最賣座的書是糸井重里的文庫作品《ボールのようなことば》（暫譯：像球一樣的話語），負責選書的長谷川個人也非常喜歡。

演員兼歌手星野源還是樂團「SAKEROCK」的一員時，長谷川就相當關注他，因此星野的作品也出現在架上。

《金井同學》（かないくん，株式會社HOBO日）上市之後，粉絲人數急速上升的漫畫家──松本大洋的書架。

NEW 〔每週1～2次〕

BOOKS	各種類型的書籍
SHOP NAME	書店老闆菊地敬一非常喜歡爵士樂，因此以知名的爵士樂俱樂部為名。
OPEN DAYS	1998年4月1日

又吉先生！
很敬重

地址｜世田谷北澤2-10-15
　　　MARUSYE下北澤1F
營業時間｜10:00～24:00
公休｜無休
車站｜從京王井之頭線 小田急小田原線下北澤站南口步行1分鐘
網址｜http://www.village-v.co.jp/

📍快要滿出屋外的雜貨，位於MARUSYE下北澤1樓。

以「遊戲書店」這句廣告台詞，在全日本展店的連鎖書店VILLAGE/VANGUARD，第一家門市就是下北澤店。店內的書籍不光只有暢銷書籍，也很注重具有潛力的新銳作家和藝術家，積極地挖掘新人。

負責選書的長谷川朗說，與每一本書接觸的那個瞬間，對他而言都是新書。他是一位相當優秀的書店員，挖掘好幾位新人。正因為長谷川的存在，因此有不少客人是定期前來，希望能了解今後的趨勢。

座落在下北澤小巷裡的舊書店「書吉」，踏進店內最先看到文庫本、食譜和繪本等，可輕鬆閱讀的書籍。後方的藏書則是以性別、思想、哲學等內容較深奧的書籍為主。

書店老闆加勢理枝表示，當自己對於個人或是世界的架構感到疑問時，會想從書中去尋找答案，於是才把這些內容較為生硬的書籍集結在店內後方的書架上。

如果有機會來到書吉，不要只是翻閱門口的百圓特價品或是軟性書籍，一定要走到書店後方去一探究竟。當你為了某件事煩惱時，這裡一定會有適合你看的書。

03

越往裡走、越是掉進書籍的深淵

書吉

ほん吉

BOOKS	各種類型的書籍（關於性別的書籍較多）
SHOP NAME	想要取一個好記又好念的店名
OPEN DAYS	2008年初

A 書店後方大多是內容較為生硬的書籍。**B** 為了某事煩惱時，希望顧客的腦海裡能突然閃過，「書吉好像有相關的書」。**C** 歷經歲月的流逝，戰前、戰後的書籍都已泛黃。**D** 在書架的某處，貼著兒童問題諮詢專線「CHILD LINE」的號碼

地址 | 世田谷區北澤2-7-10 1F 上原大樓1F
營業時間 | 12:00～22:00
公休 | 星期二
車站 | 從京王井之頭線 小田急小田原線下北澤站南口步行3分鐘
網址 | http://d.hatena.ne.jp/honkichi

📍 位於北澤TOWN HALL旁，店門口有書架。

C 古書BIBIBI出版部出版的漫畫，漫畫家的個人色彩濃厚。**D** 沒有發行DVD的非主流電影的VHS，片數相當多而且賣得很好。

地址 | 世田谷區北澤1-40-8土屋大樓1F
營業時間 | 12:00～21:00
公休 | 星期二
車站 | 從京王井之頭線 小田急小田原線下北澤車站南口步行4分鐘
網址 | http://www6.kiwi-us.com/~cutbaba

📍如果看到「下北澤的中心部」這幾個字，那就是古書BIBIBI。

A 超出想像的寬敞開放空間。**B** 收銀櫃臺旁有CD、DVD，後方有攝影師川島小鳥的作品。

04

這裡是下北澤的中心地！

古書BIBIBI

古書ビビビ

NEW OLD 〔部分〕 〔每月2～3次〕

BOOKS ── 藝術、文學、思想、自費出版品等
SHOP NAME ──「想讓顧客都能在店裡找到值得興奮的好書」
OPEN DAYS ── 2005年2月1日

古書BIBIBI是一間充滿下北澤風情的書店。集合了戲劇、音樂、次文化的下北澤，充滿追求獨特價值的年輕人。正因為如此，該店以藝術、攝影集、文學、思想等書籍居多，還有自費出版品或是該店自行出版的書籍。店內販售的個性T恤、托特包等自創商品，都是來下北澤散步時，不可錯過的最佳紀念品。

這裡另一個特色是舊錄影帶等商品也不少，無論是觀光客或是行家，都可以在古書BIBIBI找到自己想要的，這間「下北澤的中心部」，怎麼可以不去朝聖呢？

Ａ 雜誌《BARFOUT!》的主題之一，音樂書籍的書架。**Ｂ** 該店的咖啡是跟神戶的GREENS Coffee Roaster 購買的咖啡豆。**Ｃ** 店內四處擺放著可愛的絨毛玩具，櫃臺後方是編輯部。**Ｄ** 過期的《BARFOUT!》排列整齊著。

店內有Wi-Fi和插頭。被書架包圍的環境，更能集中精神專心工作。

地址 | 世田谷區代澤5-32-13霧崎商店5F

營業時間 | 13:00～20:00（LO 19:30）

公休 | 星期一～五、包場日

車站 | 從京王井之頭線 小田急小田原線下北澤站南口步行4分鐘

網址 | https://ja-jp.facebook.com/Browns-Books-Café-225108200843019

📍 有點不太好找，要從旁邊的電梯上5樓。

05

窺探有能力的編輯的大腦

Brown's Books & Cafe

BOOKS	— 雜誌《BARFORT!》的過期號、旅遊、商業、文化相關的書籍。
SHOP NAME	— 出版社「Brown's Books」經營的咖啡館
OPEN DAYS	— 2011年8月6日

平日是文化休閒娛樂雜誌《BARFORT!》的編輯部，只有假日才營業的咖啡書坊「Brown's Books & Café」，是總編輯山崎二郎在美國舊金山看到了「小出版社經營的咖啡書坊」，回到日本後才嘗試經營的書店。

店內書籍是總編輯的藏書，陳列的方式也充滿他的個人特色。比方說，他將日本無賴派（勝新太郎、岡本太郎等人）的書排列在一起，牽引泡沫時期文化的企業 Saison Grop的相關書籍，也能在這裡找到。這位有才幹的總編輯，想法有深度而且充滿創意。

店內可充電，有Wi-Fi。被整面牆的書架包圍，可在這裡用電腦處理文書工作。這裡的書基本上只能在店內閱讀，只有部分書架上的舊書對外販售。

A

B

A 書店老闆相當講究的咖啡，喝起來很順口。**B** 該書架的主題是「知識」，書架依照書籍的類別分類。

地址｜世田谷區代澤5-32-12

營業時間｜13:00～22:00

公休｜星期一～四（如遇國定假日會營業）

車站｜從京王井之頭線 小田急小田原線下北澤站南口步行6分鐘

網址｜https://www.facebook.com/rblcafe/

📍 玻璃門的入口，從外面就可以看到屋內一整牆的書架。

06

盡情享受一個人的時光

RBL CAFE

NEW OLD

（部分）

BOOKS — 製作謎題的題庫資料等

SHOP NAME — Reference Book Library（參考資料的書庫）

OPEN DAYS — 2016年8月26日

「RBL CAFE」是謎題作家仲野隆也開設的咖啡書坊，這間店也是他的個人工作場所，店內以單人座位居多，可悠閒看書或是集中精神工作。一整牆的書架上，陳列了許多仲野所收集來的資料，作為設計謎題之用。這當中還不乏圖鑑等高檔的書籍，非常適合查詢資料。仲野說：「希望這間書店也能像TOKIWA莊（手塚治虫等知名漫畫家曾經居住過的地方）那樣，孕育出某些東西」。除了座談會外，這裡也會舉辦快問快答的猜謎王比賽，是一間風格獨特的咖啡書坊。

「anthrop. Espresso & Biblio」是一間能品嚐到美味的可可和咖啡的咖啡書坊。有趣的是，店內的書並非店家所有，而是跟下北澤的CLARIS BOOKS（P.52），以及以台灣和美食為主題的HaoChi-BOOKS等、沒有實體店面但風格獨特的書店，租借部分的圖書。

選書的工作交給各家書店負責，以「充滿下北澤風情的書」為主題，其中與文化相關的書籍居多，店內也有雜貨小物。該書店的店名來自於英文的「人類學」（anthropology）這個單字，書上的知識由該店的咖啡師編輯並提供，豐富每位顧客的人生。

07

一手拿著咖啡，一邊接觸人類的睿智

anthrop. Espresso & Biblio

NEW OLD

［不定期］

BOOKS	—	設計、藝術、散步、散文、繪本等
SHOP NAME	—	來自於英文人類學這個單字（anthropology）
OPEN DAYS	—	2013年8月19日

地址｜世田谷區北澤2-26-7
TERASUMADENA別棟1F
營業時間｜18:00〜18:00
公休｜星期三
車站｜從京王井之頭線 小田急小田原線下北澤站西口步行1分鐘
網址｜http://cafeteller.com/anthrop

📍就在下北澤車站西口前，黑色的外觀和階梯很醒目。

Ａ 這間店是以在時空旅行的太空船為概念，書架彎曲的部分代表時空的移動。Ｂ 書架上的書由下北澤的「CLARIS BOOKS」，以及以台灣和旅行為主題的「文青堂」等書店所提供。Ｃ 店內提供肉桂土司等早餐餐點。Ｄ 咖啡師細心的沖泡每杯咖啡。

左手邊是攝影集等圖像化書籍，右手邊是文學類書，中央是與設計、電影和音樂有關的書。

地址 I 世田谷區北澤3-26-2 2F
營業時間 I 12:00〜20:00
　　　　　　星期日 國定假日／〜
　　　　　　19:00
公休 I 星期一（如遇國定假日會營業）
車站 I 從京王井之頭線 小田急小田原
　　　　線下北澤站北口步行3分鐘
網址 I http://clarisbooks.com/

📍 大樓1樓是畫廊，書店在2樓，窗戶上有著「BOOKS」的字樣。

08

在下北澤品味古典，有說不出的新鮮

CLARIS BOOKS

（每月 I 次）

BOOKS	各種類型的書籍
SHOP NAME	來自於好萊塢電影《沈默的羔羊》中女主角的名字Clarice Starling，茱蒂福斯特是書店老闆喜歡的女演員
OPEN DAYS	2013年12月1日

CLARIS BOOKS是由在神保町的書店工作超過十年的高松德雄所經營。每個月舉辦的讀書會，總是座無虛席。比方說，《銀河鐵道之夜》是以古典文學為主題，參加的民眾活動中彼此交換讀書心得，這是其他書店所沒有的，因此聚集不少愛書人。

店長高松說：「聽過書名卻苦無機會閱讀，這樣的讀書會或許就成了閱讀的契機。」書架上也有許多充滿地方色彩的書籍、攝影集等，當然也有需要長時間閱讀的文學和哲學書。更棒的是，不需要花大錢就能把這些名著帶回家。

書店老闆高松推薦的電影專區，老電影的書整齊排列著。

A 店內有不少和藝術家一起創作的原創商品。**B** 自家的出版系列「commune Press」的書籍一字排開。**C** 除了ZINE、藝術書籍外，也販售外套、T恤等。**D** 專門拍攝車輛被車罩覆蓋的超現實主義攝影集。

地址 | 世田谷區羽根木1-12-10 2F
營業時間 | 15:00～19:00
公休 | 星期一～五、不定期公休
　　＊詳情請上該書店的
　　instagram確認
車站 | 從京王井之頭線新代田站
　　剪票口出站，步行8分鐘
網址 | http://www.ccommunee.com/

📍位於新代田的住宅區裡，在一處公寓的2樓。

09

海外文化的發送基地

commune

NEW 📚 👛 ✏️

BOOKS	以國內外的藝術家所發行的ZINE（獨立誌）、藝術書籍為主
SHOP NAME	不明
OPEN DAYS	2016年2月27日

「commune」書店中，收藏了日本國內外的藝術家所發行的ZINE（獨立誌），以及藝術圖書。

書店老闆川邊美幸每年都會飛往美國洛杉磯和紐約等地，參加藝術書展。她想將那些在展覽會場上認識的藝術家，以及他們所出版的ZINE，介紹給日本國內的讀者認識，於是開了這間店。

此外，架上還有在國外備受矚目的藝術家所發行的出版品，T恤、別針等，很多商品都是限量發行，非常稀少，讓顧客享受一期一會的樂趣。

移動書店

移動書店

在東京都內的許多活動裡,都可以看到移動書店「BOOK TRUCK」的身影。想要傳遞閱讀的樂趣給那些不去書店的人,於是有了移動書店。

如果顧客不來書店,那就把書帶著走

——首先請告訴大家,「BOOK TRUCK」的主要活動內容有哪些?

配合在關東近郊所舉行的各項活動,水藍色的廂型車滿載書本,到活動現場去賣書。參加的活動包括了「TOKYO COFFEE FESTIVAL」以及「代官山HILL SIDE MARKET」等。

——三田先生為什麼會想出移動書店這個點子?

在BOOK TRUCK開始之前,我曾在一家書店當店長。為了讓那些沒有閱讀習慣的人也能上門來,我做了很多努力。但說實在的,書店這門生意就只能靜靜地等著客人上門。對書沒有興趣的人,就是不會到書店來。當我打算自行創業時,我突然想到,「既然那些沒有閱讀習慣的人不會上書店,那麼就讓我主動出擊去找那些人」,移動書店因此誕生。

——您的選書標準是什麼?

在參加各式各樣的活動之前,我會想著今天來參加的民眾都會是什麼樣的人?因此每次帶出門的書籍都不太一樣。舉例來說,如果是去露營區的話,森林、海洋等以大自然為主題的書,就會占大多數。或許,這就會成為那些從來沒有機會接觸書籍的人能夠體會閱讀樂趣的契機。我選書的標準是希望顧客在找書時,能有如獲至寶的感覺,而且我也很重視書籍的陳列方式。

——您的這輛車也很可愛呢!

我希望大人不用彎腰就能進到車內,於是選了這輛車。而小朋友看到它也會很興奮,車子裡面就像是一處祕密基地。

——移動書店今後有想要去的地方嗎?

目前以關東近郊為活動據點,我也想到鄉下去,想要去沒有書店的地方。

【受訪者:三田修平】大學畢業後在書店工作,2012年3月自立門戶,開始了移動書店「BOOK TRUCK」。目前在全日本各地的活動會場或是店鋪開店。營業資訊會在推特或是FACEBOOK上發佈。

整輛車大約載了500~600本書,以舊書居多,也有新書。可以購買車內的書。

這一天的活動與咖啡有關。「咖啡和旅行」、「咖啡和食物」等,三田先生彙整了不少與活動主題相關的書籍。

Category 02

發掘具有特色書店的
好奇心之街

高圓寺
Koenji

古書十五時之犬 ●

Amletron ——
▶P.062

Sunkus ●

7-11 ●

BOOKSOTORI
高圓寺店

BLIND BOOKS

COCKTAIL書房
▶P.060

U-TAKARAYA

—— 文祿堂 高圓寺店
▶P.059

FamilyMart ●

高圓寺車站北口

LAWSON

● FamilyMart

Hotel METS
高圓寺 ● 派出所

JR中央線

高圓寺車站

● Circle K

高圓寺車站南口

水川
神社

長仙寺

Earl座讀書館
▶P.056

7-11 ●

西友
VILLAGE/VANGUARD
高圓寺店

Three F ●

繪本屋看家 ——
幫手公司
▶P.058

阿佐ヶ谷

0   200m

中野

中野
Broadway

古書KONKO堂
▶P.064

世尊院

中杉通

杉並
第一小學

● 西友

AOI書店
中野本店

TACO ché
▶P.063

明屋書店
中野Broadway店

中野Sun Plaza Hall

北口

阿佐谷車站

南口

JR中央線

孩子的書店
▶P.065

0   200m

中野
區公所

中野通

東京METRO
東西線

北口

JR中央線

中野車站

N   0   100m

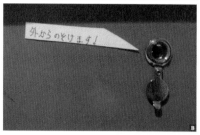

Ａ 為了讓人心情平靜又有悦耳水聲而放置的水箱。Ｂ 從門上的貓眼往店內看，映入眼簾的是不同於日常的奇異空間。

01

拋開日常瑣事的異世界空間

Earl座讀書館

アール座読書館

OLD

BOOKS	攝影集、美術書、繪本、漫畫等
SHOP NAME	Earl在法語裡是「藝術」的意思。因此店內有許多藝術書籍。
OPEN DAYS	2008年1月5日

Ｃ 書店裡沒有面對面的座位，可以一個人靜下心來看書。Ｄ 西洋藝術書雖然看不懂，卻也很有趣。Ｅ 由信紙、信封、郵票和飲料組成的「信封套組」。Ｆ 打開抽屜竟然是立體透視模型！

地址｜杉並區高圓寺南3-57-6 2F
營業時間｜13:00～22:30（LO22:00）
　　　　　星期六・日・國定假日
　　　　　／12:00～
公休｜星期一（如遇國定假日改為星期二）
車站｜從JR高圓寺站南口步行3分鐘
網址｜http://r-books.jugem.jp

看到紅色屋頂和復古招牌後，請上二樓。

店內氣氛宛如在公園或森林中，費心打造可以享受獨處時間的空間，隔離都會的喧囂和优鬧的日常，提供一段安穩的時間。

Earl座讀書館不能算是一間咖啡書坊，而是一處讓人暫時擺脫日常生活、逃離現實的場所。顧客來到這裡可以忘卻一切，放空的道具之一就是書。以書店老闆渡邊太紀個人的藏書而開始的書架上，有許多讓人覺得有趣的書。這些書都不是屬於讓人一頭栽進去的類型，而是攝影集、美術書等視覺類的書籍或是詩集、漫畫書等，盡情享受在店內的時光。

除了書籍之外，店裡還有很多來自於渡邊的巧思。比方說，古董家具和綠色植物。水箱裡不時傳來水聲，心情也跟著沈靜下來。更令人感到不可思議的是，這間店謝絕想要聊天的顧客（樓上有一處可以聊天的「Ethel中庭」咖啡館），提供顧客一個能享受寧靜時光的空間。

來到這裡，可以看看書或單純的放空，Earl座讀書館讓人暫時忘記忙碌的每一天，度過一段安安靜靜的時間。

A 2樓的舊書店，繪本封面朝外排列著，讓人看了就開心。**B** 可以請書店老闆荒木幫忙，找到想要的書籍。
C 該店出版的繪本《一二三》（作者：KIKUCHICHIKI），獲得2015年日本造本裝幀設計大賞。

1樓不只作為展覽會場，同時也會舉辦繪本的二手書市集。

潛藏在秘密屋頂裡的房間

繪本屋看家
幫手公司

えほんやるすばん
ばんするかいしゃ

NEW OLD
（部分）

BOOKS	國內外的繪本
SHOP NAME	取自於寺村輝夫的繪本《るすばんばんするかいしゃ》（學研PLUS），老闆很喜歡這本書的書名
OPEN DAYS	2003年7月12日（2007年搬遷）

地址｜杉並區高圓寺南3-44-18 1F&2F
營業時間｜14:00～20:00
公休｜星期三
車站｜從JR高圓寺站南口步行7分鐘
網址｜http://ehonyarusuban.com

📍 從西友高圓寺店前方的小十字路口往南走就會到達。

「繪本屋看家幫手公司」是東京相當罕見的繪本舊書店，店內收藏了日本國內外的珍貴繪本。

一樓的畫廊經常舉行與繪本有關的展覽，陳列著繪本的原畫和相關商品，而二樓是舊書店。爬上陡峭的樓梯後，在這處很像閣樓的空間裡，各式各樣的繪本整齊排列著，就像是塞滿寶物的秘密房間。西洋繪本依照作者別排列，很容易找。這裡不但有西歐各國的繪本，就連俄羅斯、捷克等東歐的繪本也有。想要接觸世界各地的舊繪本，來這裡就對了。

A B 店員認真的為顧客選書，並且附上充滿熱情的文宣。展示內容會隨季節改變。**C** 前方是文庫本和漫畫，樓上則是人文類書籍，照片後方則是文化類叢書。而在文化類叢書的書架上，也會貼著附近電影院正在放映的電影海報。

03

不知不覺就順路造訪了

文祿堂 高圓寺店

NEW 📚 👜 ✏️ ☕ 🚩
（抄月2〜3次）

BOOKS	各種類型的書籍。其中以漫畫、文庫本、雜誌較多。
SHOP NAME	「AYUMIBOOKS」的前身，來自於江戶時代非常繁盛的「書肆文祿堂」
OPEN DAYS	2016年2月14日

地址Ｉ 杉並區高圓寺北2-6-1
高圓寺千歲大樓1F
營業時間Ｉ19:00〜25:00、
星期日 國定假日
10:00〜
公休Ｉ 無休
車站Ｉ 從JR高圓寺車站北口步
行1分鐘
網址Ｉ http://bunrokudo.jp/

📍 玻璃門的入口，就在高圓寺車站北口旁。

高圓寺車站前的「AYUMI-BOOKS」重新裝潢後，就是「文祿堂 高圓寺店」，最大的改變在於多了咖啡座，顧客可以悠閒的在店內或是吧台，邊喝咖啡邊選書。

店內的書籍囊括了所有的類型，其中最推薦的是陳列著電影、演員、戲劇相關書籍的書架，這樣的收藏在文化色彩濃厚的高圓寺才能看到，從店內後方的階梯往上走就能看見。

該店的經營概念是「順路」，濃郁的咖啡香再加上有趣的活動，還有一整屋的書，這樣的好地方就在車站前，當然要順路去一趟。

結帳櫃臺旁是雜貨小物專區，黑板上寫著店員提供的資訊。

書店的櫃臺上放置著文庫本，讓沒有閱讀習慣的人也能隨意的拿書翻閱。把書當作下酒菜也行，單純享受書香也很不錯。

地址 I 杉並區高圓寺北3-8-13
營業時間 I 11:30～15:00、17:00～23:00
公休 I 白天／星期一、二，夜晚／無休
車站 I 從JR高圓寺車站北口步行5分鐘
網址 I https://www.facebook.com/cocktail2013/

● 轉入北中通後步行約5分鐘即可到達，古民宅建築。

04

細細的品味文學的幸福時光

COCKTAIL書房

コクテイル書房

OLD

（每月1～2次）

BOOKS	—	人文類、音樂類等相關書籍
SHOP NAME	—	取自於森巢博《無境界家庭》書中的一段話：「許多東西混在一起會比較有趣」。而「許多東西混在一起」＝cocktail
OPEN DAYS	—	1998年（2000年搬遷）

可以喝酒、可以用餐的「COCKTAIL書房」，是一處充滿情趣的古老民宅。店內因為人文類書籍相當多，給人一種「舊書店」的感覺，卻不顯得硬派的力量，這應該要歸功於古老民宅。尤其是二樓的空間，簡直就像是「自己的爺爺家」，來到這裡心情格外放鬆。

書《檀流COOKING》（中央公論新社）裡的「大正可樂餅」等，作家所吃的料理。「寫書和做菜、讀書和吃飯，這兩件事其實很像，因此店裡同時提供這兩種享受，一點違和感也沒有」，老闆狩野俊這麼認為。

菜單上有檀一雄的料理指南

除了舊書之外，這裡也能買到風景明信片、杯墊等紙製品以及家具、圍裙等。而老闆最想賣的就是「時間」。在COCKTAIL書房裡流逝的是難以形容的輕鬆時光，想要品嚐一下嗎？不妨親自走一趟。

A 菜單的稿紙成了燈罩，菜單幾乎每天都會更換。**B** 櫃臺後方的牆壁上，寫著節錄於《檔流COOKING》的一句話。**C** 人數較多或是帶小孩的客人，可以利用2樓的空間。**D** 延伸到2樓的書架，滿滿都是書。**E** 每日午餐的咖哩飯，不但辣而且很夠味。**F** 該店會舉行「街角的書架」這項活動，透過交換書本強化與當地民眾的交流。

探光超佳的一樓有和式座位，角落的電風扇風格外有情趣，書架上陳列著人文類書籍、戰前發行的文學作品。盤腿而坐看著書架，一定會找到一本你想看的書。

「Amleteron」在世界語裡是「情書」的意思，而在這間以情書為店名的書店裡，所謂的情書，不是「愛的告白」，而是一種「思念著某個人、想送東西給對方」的心情。

有著如此浪漫店名的書店，店內的商品圍繞著閱讀和信紙打轉，而且全都是老闆Amaya Fumiyo想要推薦給客人的商品。

Amaya說：「希望顧客來到店裡，就像是踏入另一個世界。」此外，這裡還有很多該店才有的原創雜貨。

這是一間想把商品當作情書獻給顧客、充滿愛的書店。

05

來自書店的情書

Amleteron

NEW OLD
📚 📚 👛 ✏️ 🚩（每年4~5次）

BOOKS	電影、音樂、文學、詩集、藝術等。
SHOP NAME	「Amlteron」這個字在世界語裡是「情書」的意思（與詩人谷川俊太郎在作品「人」當中所提到，「啊」一聲呱呱落地，「嗯」一聲離開人世的這段描述也有關係）
OPEN DAYS	2013年6月9日

地址 | 杉並區高圓寺北
2-18-10
營業時間 | 14:00～20:00
星期六・日・
國定假日／
12:30～
（主要時間）

公休 | 不定期
車站 | 從JR高圓寺車站北口步行5分鐘
網址 | http://amleteron.blogspot.jp/

📍 很像是雜貨店般、有著白色外牆，外觀非常可愛。

A 一整面牆的書架，以文學、藝術和詩集等書籍居多。**B** 信紙等紙製品大量且整齊地排列著。照片依羅馬字母區隔。**C** 生活雜貨除了紙製品外，還有首飾和陶器，以及老闆收藏的唱片和CD等，商品種類多樣。

書冊、攝影集相當多，當中還有畫家佐伯俊男的作品。

描繪瘋狂世界的漫畫家——駕籠真太郎的作品就在架上，有很多畫風獨特、具魅力的明信片。

在生活雜貨或是自費出版品中，尋找符合自己興趣的商品。

06

在次文化的聖地感受未知的體驗

TACO ché

NEW OLD 📚📖👛✏️🚩 ［不定期］

BOOKS	以漫畫為主，與情色 拜物主義等次文化有關的書籍
SHOP NAME	開店之初，看到之前房客的章魚燒店，留下一個寫著「TACO」的招牌，再加上ché，很有法語的感覺。
OPEN DAYS	1993年6月9日（1996年搬遷）

地址I 中野區中野
　　　 5-52-15中野
　　　 Broadway3F
營業時間I 12:00～20:00
公休I 無休

車站I 從JR 東京METRO中野車站北口步行4分鐘
網址I http://tacoche.com/

📍出自漫畫家友澤MIMIYO之手的獨特招牌是標記。

「TACO ché」這間書店是為了介紹青年雜誌——《月刊漫畫GARO》（青林堂）而開始的（開店初期是在早稻田）。該雜誌因連載有強烈個人風格的畫家Tsuge義春、長篇劇畫《Kamui傳》的作者白土三平等人的作品而聲名大噪，這些畫家也為該雜誌留下許多前衛的作品。如今，店內的商品不光只是與GARO有關的書籍，還有情色、恐怖等類型，每一本都是書店老闆的嚴選，擁有獨特的世界觀。即使是第一次接觸這些領域的人也能看得津津有味；雖然類型不多，選擇卻很多樣。現在，該書店成了次文化的聖地，「中野Broadway」的精神象徵，觀光客、次文化愛好者絡繹不絕。

KONKO堂的標誌由商品廣告設計大師大原大次郎所設計。

書店老闆天野曾經在西荻窪的古書音羽館（P.20）實習。

繪本、藝術書籍等，隨意翻閱或是認真看都相當有趣的日文書和外文書。

《灑下星星的街道》（星を撒いた街，夏葉社）。書店老闆天野表示，希望書店能一直賣這樣的好書。

地址 | 杉並區阿佐谷北2-38-22
　　　　Kirinya大樓1F
營業時間 | 12:00～22:00
公休 | 星期二
車站 | 從JR阿佐谷車站北口步行5分鐘
網址 | http://konkodo.com/

♥ 白色屋頂，玻璃的門窗，是一間沒有架子的書店，紅磚風格的建築。

07

從玉石混淆中選出自己想要的

古書KONKO堂

古書コンコ堂

OLD

BOOKS ── 所有類型的書

SHOP NAME ── 取自「玉石混淆」這句成語。希望顧客能從各式各樣的書籍當中，挑選出自己想要的。

OPEN DAYS ── 2011年6月20日

位在阿佐谷北松山通的古書KONKO堂，是一間書店，卻很有雜貨小物專賣店的風格，店內乾淨又整齊。乍看之下很像是複合式商店，幾乎所有類型的書籍都能在這裡找到。有視覺享受百分百的攝影集，還有實用書、小說、人文書等。

書店老闆天野智行表示，他盡可能的不挑書，而是讓顧客從許許多多的書籍中挑選自己想要的。而這樣的希望，表現在店名的由來上（玉石混淆），代表著好的東西與不是太好的東西，不加以分類混合在一起。顧客來到這裡，一定可以沈浸在選書的快樂中。

黃色的招牌以及店門口的REA-
DING IS FUN的字樣是標記。

《雨、あめ（雨）》（評論社）等，老闆將
希望能傳承下去的書籍排列在一起。

利用書籍封面的圖畫勾起
讀者的興趣，因此書籍的
排列方式是封面朝外。

莫里斯 桑達克的繪本。桑達克是一位知名的繪
本作家，留下許多探討兒童深層心理的作品。

08

讓每一代的小朋友都能閱讀的書籍

小朋友的書店

子どもの本や

NEW

BOOKS	── 繪本、兒童書
SHOP NAME	── 容易理解的店名
OPEN DAYS	── 1993年7月2日

地址 I 杉並區阿佐谷南1-47-7
營業時間 I 11:00～17:00
公休 I 星期三、四、國定假日
車站 I 從JR阿佐谷車站南口步行
3分鐘
網址 I http://d.hatena.ne.jp/
kodomonohonya

○ 就在阿佐谷商店街旁邊，黃色
的招牌很醒目。

這間書店是由五位家中有小
孩的愛書人合開的書店，他們
在看到了季刊《兒童與書》，
感受到繪本與童書的魅力後，
有了開店的念頭。店內的書籍
以「兒童和書」為主軸，精選
適合大人和小孩閱讀的繪本和
讀物。

過去二十三年，這家書店在
阿佐谷服務無數的顧客。很多
人曾在小時候來過書店，當他
們長大為人父母之後，帶著小
孩再到書店來。該店還推出日
本國內外的送書服務，配合小
孩的成長和興趣，每個月寄送
適合小朋友閱讀的書籍。店裡
還有兒童繪本的專家，給予家
長需要的協助。

虛構的書店

COLUMN
不可思議的書店

02

沒有實際店面，也沒有庫存，卻打著書店招牌的謎樣集團「烏賊文庫」。
這個書店是由誰開始的？讓我們來揭開她們神秘的面紗。

神出鬼沒！謎樣的空氣書店

2013年舉辦的「深海」展。販售烏賊文庫的獨創商品。

——請問妳們從事什麼樣的活動？

我們沒有店面也沒有庫存，從事的是「空氣書店」的活動。儘管不存在實體店鋪，但每天早上會在網路上告知「今天也有開店」。不過，有些民眾看到後或許會感到懷疑，「我們的店鋪是在哪裡呢？」

——還有沒有其他的活動？

我們也會舉行書展或是與書籍有關的活動。舉例來說，我們在二○一四年舉辦了「本音HOUSE（展演空間）」。我們跟一間LIVE HOUSE（展演空間）租了場地，開了一夜限定的書店，這是一個的慶祝活動。

大家一起享受書香和音樂的活動。會場還有三人團體音樂家「空中攝影機」的現場演唱。AR三兄弟的長男、川田十夢也在現場表演脫口秀。為了讓更多的人了解書和書店的魅力，我們舉行的活動向來不拘泥形式，相當自由。

——為什麼會開始經營「烏賊文庫」？

名稱可以說是靈機一動。當時我跟朋友在聊天，談到了「如果要經營書店的話，取什麼名字比較好？」剛好我看到了我的iPhone手機的烏賊形狀的手機套，於是脫口說出「烏賊文庫」。一開始，我請插畫家的朋友設計標誌、寫新聞稿、在獲窪的「6次元」（P12）舉辦活動。其他家的書店店員覺得我們的活動很有趣，邀請我們舉辦活動……書店就這樣開始了。我透過Twitter認識了一個喜歡烏賊的女生「打王小姐」，現在就我們兩人三腳一起投入空氣書店的活動。

——今後有什麼計畫呢？

二○一五年以後，地方書店和圖書館的邀約變多了。我們的活動範圍不侷限於東京，我想要善用「空氣」這項優點，在各式各樣的場所舉辦活動。

烏賊文庫名稱的由來，iPhone手機套。雖然是烏賊，但只有五隻腳。

【烏賊文庫】沒有實體店面、沒有商品，每天會在某個地方開店營業的「空氣書店」。要在哪裡？以什麼樣的風名？怎麼經營？每天都在認真思考著要如何快樂的賣書（偶爾是烏賊）、買書，讓顧客認識我們，體會活動的樂趣，為了達成目的的四處奔波。http://www.ikabunko.com

Category 02

發掘具有特色書店的
好奇心之街

吉祥寺
Kichijyoji

武蔵野
八幡宮

八幡宮前

MAIN TENT
▶P.071

光専寺

吉祥寺
第一飯店

月窓寺

吉祥寺車站

FamilyMart

西友

商工會館前

7-11

藤村女子高中

LOFT

coppice吉祥寺
B館

淳久堂書店
吉祥寺店

東急

紀屋國屋書店
吉祥寺東急店

吉祥寺通

coppice
吉祥寺

Yodobashi

百年
▶P.070

BOOKS Earl
▶P.068

LAWSON

PARCO

PARCO BOOK CENTER
吉祥寺店

Book 1st Atre
吉祥寺店

Book 1st Atre
吉祥寺東館店

北口
(中央口)

JR中央線

吉祥寺車站前

吉祥寺車站

啟文堂書店
吉祥寺店

BASARA BOOKS
▶P.072

井之頭通

南口
(公園口)

古書YOMITA屋
▶P.073

FamilyMart

丸井

吉祥寺
東急REI飯店

京王井之頭線

三鷹(南)

JR中央線

三鷹車站

啟文堂書店
三鷹店

三鷹通

Yomogi
BOOKS

三鷹市八幡前

連雀通

book&café
Phosphorescnce
▶P.075

0   500m

市公所前

三鷹(北)

武蔵野
警察署

0   100m

古書CAFÉ &
GALLERY點滴堂
▶P.075

三鷹通

水中書店
▶P.074

文教堂書店
三鷹車站店

北口

三鷹車站

JR中央線

N   0   100m

△平日白天，店門口顧客絡繹不絕。B 通常書店裡的廣告文宣，幾乎是由出版社或是店員準備，但BOOKS RUHE大多是作者本人親筆寫的。C 店裡展示並販售知名插畫家Kin Shiotani的明信片，數量不少。D 從全國收集而來的免費刊物，有不少是店員製作的。

01

充滿作家和銷售者的熱情

BOOKS RUHE

BOOKS ルーエ

（每月1～2次）

BOOKS	各種類型的書籍
SHOP NAME	承繼該店前身的咖啡館名「RUHE」。「RUHE」在德語裡有「安靜、休憩」的意思
OPEN DAYS	1991年7月25日

位於吉祥寺車站北口、Sun Road商店街裡的書店BOOK RUHE。該店的優點光從其外觀或是店內的陳列，是完全看不出來的。仔細瀏覽書架，會看到由知名書店店員策劃的書展，或是作家親筆的廣告文宣，三樓的漫畫區，整面牆掛滿了名人的簽名。由此可以看出，店員和作家同心協力，為BOOK RUHE的經營投入極大的熱情。

BOOKS RUHE也很懂得為作家造勢，舉例來說，現在相當知名的插畫家Kin Shiotani，BOOKS RUHE很早就看中他的才華，該店的書套就是採用他的作品，一直使用到現在。有不少讀者專程到BOOKS RUHE買書，就是為了想要這個書套。因為作家和書店彼此拉抬，書店的死忠顧客也跟著增加。在BOOKS RUHE，書本的製造者、作家和銷售者、書店成為一體，像這樣為讀者和書本搭建起接觸橋樑的書店告，並不多見。

万引きは犯罪です。
本は買って読んでこ
そ得られるものも大
きいとおもいますよ。

3階までのぼるのが
大変な人のための
マンガコーナー
でございます。

地址 | 武蔵野市吉祥寺本町
　　　1-14-3
營業時間 | 9:00～22:30
公休 | 無休
車站 | 從JR 京王井之頭線吉祥
　　　寺車站北口（中央口）
　　　步行2分鐘
網址 | http://www.books-ruhe.co.jp

📍 走進Sun Road商店街後就在
右手邊。「BOOKS RUHE」
的紅字文字是標記。

E 3樓一整層都是漫畫賣場，牆上掛著
許多作家親筆簽名和插圖的色紙，不少
人專程來看這些簽名。**F** 以獨特的觀點
陳列書籍的知名店員花本武，由他經手
規劃的專區效果驚人。**G** 防止順手牽羊
的傳單，很能打動人心的一段話。**H** 漫
畫書的賣場在3樓，但為了不方便上樓
的顧客，1樓也設置了漫畫專區，集結
超人氣或是具話題性的漫畫。

為了該書店的
獨家書套而來的
顧客相當多

綠色的書架是書店的特色，因為是傾斜式的書架，放在下層的書也很好找。店內的所有書都不會分類，書店老闆希望顧客可以自己來回書架之間，花點時間找到自己想要的書。

這裡的新書都是來自熟人的出版社，要獻給讀者和書店員什麼樣的書？出版社花了不少心思。平台上大多是小出版社的書。

地址｜武藏野市吉祥寺本町2-2-10
　　　村田大樓2F
營業時間｜12:00～23:00、星期六
　　　　　／11:00～、
　　　　　星期日／11:00～22:00
公休｜星期二
車站｜從JR 京王井之頭線吉祥寺車
　　　站北口（中央口）步行5分鐘
網址｜http://www.100hyakunen.com/

📍 在大樓的2樓，找到「百年」的時尚看板就對了。

02

想要將好書再次獻給讀者

百年

NEW OLD
（不定期）

BOOKS	各種類型的書
SHOP NAME	將一世紀＝百年視為一個循環，讓一度消失的書再度出現，獻給新的讀者
OPEN DAYS	2006年8月4日

「將潛藏在書裡的價值，再一次呈獻在讀者面前」，抱著這樣的想法而開始的書店「百年」，創業十年來，持續進行著其他書店所沒有的嘗試。如今，全國的書店都會邀請作者開講，而這項活動的先驅者就是百年（在這之前，大多是以簽書會為主）。

「成為街角的書店」，是老闆對百年的定位，因此店內擁有各種類型的書籍，而選書的基準只有一個，「好書或許會被遺忘，但百年之後肯定有一次回到讀者的手上」。在其背後不光有書本的價值，還有百年的創業宗旨。

這是由繪本蒐集家Furannsowa・Bachisuto（＝冨樫Chito）所經營的繪本專門店。在國際舞台上相當活躍的舞蹈家，他以「不移動的馬戲團」為主題開了這間書店。店內的收藏包括了他個人小時候所閱讀的有趣書籍、現在看了也覺得有趣的書等，書籍包括了日本國內和國外，以繪本和藝術書籍居多。

MAIN TENT不止有書，還有從世界各地收集而來的雜貨小物，放置在店內各處，讓小小的書店充滿異國情趣。這裡的每個娃娃或是絨毛玩偶，都有一個非常幽默的名字，不妨來到這裡親自問問老闆。

03

這裡是「不會移動的馬戲團」

MAIN TENT

NEW OLD（必分）　／／▶（2個月1次）

BOOKS	繪本（＝大人小孩都會喜歡的藝術書）
SHOP NAME	ENTERTAINMENT這個字的部分重組字
OPEN DAYS	2015年2月8日

招牌的獅子，菜諾和李奇

地址｜武藏野市吉祥寺本町2-7-3
　　　　Ferio吉祥寺102
營業時間｜10:30～17:00、星期六・日・國定假日／～19:00
公休｜星期三
車站｜從JR 京王井之頭線吉祥寺車站北口（中央口）步行7分鐘
網址｜http://maintent-books.com/

📍木製的招牌和店門口的獅子是標誌，大門前空間寬敞。

Ⓐ店內裝潢以馬戲團為概念。Ⓑ蹲下來的地方放著鬼怪和幽靈的書。Ⓒ《小豬先生》旁放著小豬的玩偶。Ⓓ這隻貓取名為四次元，來自於《鐵鎚和花將軍》裡的同名貓咪。Ⓔ將想要的書交給站在信箱對面（櫃臺）旁的書店老闆

BASARA BOOKS的老闆內野望，「想要把次文化的魅力，傳達給當今的年輕世代」，於是有了這間書店。

主力商品是漫畫。其中包括了，《鬼太郎》（ゲゲゲの鬼太郎）的作者水木茂也有作品連載的《月刊漫畫Garo》（青林堂）等，這些書籍依照年代排列，就算是第一次接觸的讀者，也能很快的掌握次文化的脈絡。此外，還有科幻、神怪、奇幻文學的叢書，不少作品的市場反應相當兩極。像這樣風格獨具的作品，能夠以便宜的價格買到，也是該書店的魅力之一。這裡是進入嶄新世界的入口。

A 只能一個人通行的狹窄店內，書架整齊的排列著。**B** 與根本敬等人的漫畫雜誌「GARO」系列有關的漫畫相當多。**C** 嘻哈音樂「Midnight Meal Record」的CD，這裡也找得到。**D** 這裡有相當多奇幻文學的代表作家——澀澤龍彥的著作。

04

打開通往次文化世界的大門

BASARA BOOKS

NEW OLD

BOOKS	各種類型的書籍
SHOP NAME	來自於南北朝時代的流行文化「婆娑羅」，逃脫既定的體制和常識，隨心所欲。
OPEN DAYS	2006年3月

地址 I 武藏野市吉祥寺南町1-5-2 吉祥寺South大樓101

營業時間 I 13:00～23:30，星期六、日、國定假日／10:00～

公休 I 星期一（如遇國定假日改為星期二）

車站 I 從JR 京王井之頭線吉祥寺車站南口（公園口）步行1分鐘

網址 I http://basarabook.blog.shinobi.jp

● 走出吉祥寺車站南口之後，往右走就到了。

A 代表80年代PARCO文化的雜誌相當多，是該店的人氣區。B 舊書店才有的珍貴廣告文宣。這是讀者與舊書相遇的一期一會。

C 從創業開始就一起攜手打拼的澄田夫婦，是一對非常有默契的搭檔。D 「神話」與「符號」，由兩個關鍵字組成的標示板，讓書架的藏書變得立體。

05

在八萬冊的藏書中挖寶

古書YOMITA屋

古本よみた屋

OLD

地址 | 武藏野市吉祥寺南町2-6-10
營業時間 | 10:00～22:00
公休 | 無休
車站 | 從JR 京王井之頭線吉祥寺車站南口（公園口）步行2分鐘
網址 | http://www.yomitaya.co.jp

從井之頭通往東走，穿越高架橋下後就可以看到。

 BOOKS —— 各種類型的書籍（哲學、精神醫學、宗教、美術、童書、次文化居多）

SHOP NAME —— 來自於「想讀一本書」這樣的心情

OPEN DAYS —— 1992年5月1日（1997年吉祥寺店開幕）

在一九九二年時，人們對於舊書店，大多抱著有個頑固大叔在看店的刻板印象。於是書店老闆澄田先生環抱著「想要打造一間任何人都可以輕鬆入內的舊書店」理想，並且參考新書書店的經營，開了這間「古書YOMITA屋」。明亮寬敞的店內，陳列了各式各樣的書籍。書的種類從輕鬆閱讀的開書一直到艱澀的專門書、戰前的舊書等，展現出與其他書店不同的選書風格。

「每種書都有喜愛它的讀者」，這是古書YOMITA屋的堅持，即使是評價不高的書，老闆也會放在書架上。

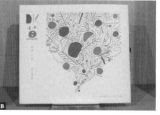

Ａ老闆投入最多心力的詩歌書架，為了這個書架而來的顧客不在少數。Ｂ以詩歌為主題的散文集《水草》，這是由水中書店和HIROIYOMI社共同發行。Ｃ讓人感到沈靜的空間，正中央是文庫本，右手邊是文學和美術書。

地址｜武藏野市中町 1-23-14-102
營業時間｜12:00～22:00
公休｜星期二
車站｜從JR三鷹車站北口步行3分鐘
網址｜http://suichushoten.com

📍數量驚人的單一特價書和顯眼的綠色屋頂。

這裡除了文藝書、詩歌外，還有漫畫書和美術書。此外，也販售CD。

06

歡迎來到深奧的文字世界

水中書店

NEW OLD

BOOKS —— 各種類型的書籍（文學、詩歌、美術書居多）

SHOP NAME —— 沒有特別的意涵，想要取一個連小朋友也會唸的名字

OPEN DAYS —— 2014年1月18日

靜靜佇立在離熱鬧商店街有點距離的水中書店，以詩歌書籍藏書豐富而聞名。老闆今野真覺得其他書店對於詩歌的關注較少，但詩歌最能展現語言的深奧與美麗，這樣不被重視實在有點可惜。

書店還出版並販售詩歌集《水草》，讓平日不曾接觸詩歌的讀者也能輕鬆閱讀。在以詩歌為主題的書架上，有名作也有詩歌愛好者才會翻閱的書籍。這是一個無論是詩歌的門外漢或是專家，都不會感到無聊的書店。在寧靜的環境中，陶醉在詩歌的世界裡吧！

07

歡迎來到不可思議的國度

古書CAFÉ & GALLERY 點滴堂

OLD

BOOKS	— 文學、美術、實用書
SHOP NAME	— 沒有特別的意思，只想取個好記的名字（但曾有顧客説，來到這裡好像注射了點滴般，立刻恢復元氣）
OPEN DAYS	— 2013年3月27日

A 不太能喝咖啡的人也可接受的咖啡，沒有雜味、非常爽口。**B** 以白色為基調的店內，書架上的所有書皆對外販售。右後方有展示空間。

地址｜武藏野市中町1-10-3 2F
營業時間｜12:30～21:00
公休｜星期一、二
車站｜從JR三鷹車站北口步行5分鐘
網址｜http://tentekido.info/

📍黑色大門和紅色看板，階梯上貼著印有書架的壁紙。

純白色的店內，宛如隨時有白雲飄過。來到古書CAFÉ &GALLERY點滴堂，就好像幻想著迷路走進另一個世界。

包括《愛麗絲夢遊仙境》在內，抒情且帶有世界觀的繪本和文學叢書，整齊排列著，還有許多裝訂精緻的作品；讓人沈浸在小時候曾充滿憧憬、既奇特又有魅力的書中世界！

08

一定要來喔！

在三鷹沈浸在太宰文學裡

book & café Phosphorescence

OLD

（每日4次）

BOOKS	— 與太宰治有關的書籍和近代文學、藝能相關的書籍
SHOP NAME	— 取自於太宰治的短篇小説《Phosphorescence》
OPEN DAYS	— 2002年2月5日

A 書店老闆仔細沖泡的咖啡，採用的是下連雀HACHIYA的咖啡豆。**B** 展示著《晚年》等太宰治著作的初版本、異裝版等收藏。

地址｜三鷹市上連雀8-4-1
營業時間｜12:00～19:00
公休｜星期二、三
車站｜從小田急 京王巴士三鷹警察署前、三鷹市公所前、上連雀8丁目等站牌開始步行3分鐘
網址｜http://dazaibookcafe.com/

📍就在三鷹市立圖書館的旁邊，有顯眼的紅磚風格牆壁。

以《人間失格》聞名的近代文學巨匠太宰治，他長眠的墓地就在三鷹，這裡有一處太宰治的粉絲聚集的咖啡館。老闆駄場Miyuki開店的目的，是想要提供太宰治的書迷們在參加櫻桃忌（太宰治忌日）的掃墓後，有個地方可以好好休息談天。在這個被近代文學作品包圍的環境下，好好的回味太宰的一生。

無人書店

BOOK ROAD是一間無人舊書店，在咖啡書坊等複合式書店日益增加之下，竟然會有無人書店。讓我們來問問這個新型態書店的老闆。

無人舊書店，今天也24小時營業中

——為什麼會想到無人舊書店這個點子呢？

我從學生時代就喜愛看書，曾經想過要開書店。不過我是個上班族，平日不可能有時間顧店。於是我突然想到，「既然都有無人蔬菜店，書本應該也可以」。

——店裡的書曾經失竊過嗎？

從二○一三年四月開始營業到現在，都沒有發生過。BOOK ROAD位於武藏野市三谷通商店街裡，離市中心有點遠，平日只有當地人才會經過這裡，沒有什麼奇怪的人會來。

從JR三鷹車站北口步行13分鐘即可到達，看到玻璃門的入口就對了，店內沒有任何人。

——店內的舊書是如何取得的呢？

書店放置的書大多是能輕鬆閱讀、有視覺享受的書。一開始以自己的藏書為主，現在則是來自朋友或是當地民眾的捐贈。某一天，我到店裡走一趟，看到有人放了一紙箱的書，上面寫著「請收下」。

——您的書店很受當地民眾的喜愛呢。

因為沒有人看店，就算不買書也能輕鬆入內，顧客非常的自在。再加上是二十四小時營業，尤其是在清晨或深夜時段、其他商店沒有營業的時間，這間店反倒吸引了不少人。

——今後會想舉行什麼樣的活動？

我想要把BOOK ROAD推廣到全國去，對想要擁有一家書店的人來說，每天站在店裡招呼客人的作法或許不是那麼容易辦到，

但如果像是BOOK ROAD的經營方式，就能輕鬆開書店。如此一來，全國會有越來越多的書店。現在，我正在尋找能夠幫助我達成理想的伙伴。如果您所居住的地方，也想要「有一家小書店」，請務必跟我聯絡。

【info】
【地址】武藏野市西久保2丁目14，6番松莊1樓西側部分
【車站】從JR三鷹車站北口步行13分鐘
【營業時間】10～24小時
【公休日】無休
https://www.facebook.com/bookroad.mujin

付款時（將購書費用）投入轉蛋機，滾出來的塑膠轉蛋裡，裝著帶走書本用的塑膠袋。

島書店是清澄白河周邊舊書店的先驅者,在該書店誕生之後,陸續有幾間舊書店也選在清澄白河開店。書店主人渡邊堅持開店賣書,具有職人精神。

地址｜江東區三好2-13-2
營業時間｜12:00～19:00
公休｜星期一
車站｜從東京METRO半藏門線清澄白河車站B2出口步行2分鐘

📍 藍色和白色的時尚外觀,以及「しまぶっく(島書店)」的文字,非常好找。店門口有一箱又一箱的百圓書,整齊排列著。

01

職人書店員為讀者準備的極致一冊

島書店

しまぶっく

OLD

BOOKS —— 美術書、人文書、江戶(東京)書等

SHOP NAME —— 老闆的太太是沖繩出身,名為島袋(Shimabukusan)。

OPEN DAYS —— 2010年9月23日

島書店店內的書籍,大多是針對當地民眾或是觀光客而挑選的,乍看之下是普通的舊書店,但並非如此。

書店老闆渡邊富士雄曾在「青山Book Center六本木店」工作多年,並企畫過無數的書展,是一位相當有名氣的書店員。儘管渡邊淡淡的表示,只是給了顧客想要的書而已,但這背後可是有不少konwhow。

最重要的是掌握讀者的想法,不等顧客開口詢問,早一步替他們準備好,當讀者看到書時,會忍不住驚嘆「我早就想要看這本書了」。

渡邊店長說:「店內的書籍並非是大文豪的初版著作等高級書,我想要賣的是讀者把書拿在手上的那種喜悅。書本雖然很普通,但對讀者來說卻十分珍貴,這樣的模式是我理想中的書店。」正因為如此,渡邊沒有開設網路書店的打算,而是以實體店面與顧客接觸。認真地耕耘與顧客面對面的書架,展現實體書店的原樣貌。

A 書架上有很多與江戶、明治和大正時代的東京文化有關的書籍。B 由於鄰近東京都現代美術館，因此店內也有藝術和設計方面的叢書。C 店內右後方有許多超高書架，整齊排列著人文類的書籍，藏書豐富。

D 木箱和籃子裡排列著西洋繪本和美術書，價格便宜。E 門外的百圓書籍裡，甚至還能找到宮部美幸的暢銷小說。F 這些是時代小說，儘管一本只要百圓，但老闆仍非常認真的為顧客選書。

EXLIBRIS的老闆東野步先生，從小就深受《モモ》（桃子，岩波書店）一書的影響，因此非常愛看書。由於他曾經從事古董的採購工作，後來開了這家店，賣起了他最愛的書籍和古董。

店內陳列的都是充滿手工感的古董。其中又以十九至二十世紀初期的物品居多，每件商品都是職人純手工製作，辛苦的結晶。這些歷經時代洪流的古老餐具、家具和舊書排列在一起，更能感受到它們的魅力。

「希望顧客看著這些古董，遙想該時代的背景」，東野這麼說道。製作者的想法和熱誠，透過這些古董表露無遺。

02

能感受製作者心情的店

EXLIBRIS

BOOKS	只要一眼，就能看出是什麼類型的書（旅遊書、飲食書居多）
SHOP NAME	在拉丁語裡，EXLIBRIS的意思是「藏書票」，這間書店是從老闆的藏書開始的。
OPEN DAYS	2012年8月17日

地址 | 江東區三好3-10-5 1F
營業時間 | 11:00～19:00
公休 | 星期一
車站 | 從東京METRO半藏門線清澄白河車站B2出口步行7分鐘
網址 | http://www.page-exlibris.jp/

玻璃門窗的一樓，從外面可以看到店內。

Ａ 書的封面朝上陳列，如此一來即使不是愛書之人，也能輕鬆拿起來翻閱。Ｂ 小行李箱裡放著岩波文庫，勾起讀者想要旅行的心情。Ｃ 1920年代的餐具，傳遞著餐具製作時代的氣氛。

A 美國的繪本裡，大多都會藏些小機關，帶有遊戲的元素。
B 進入店內立刻會看到一個平台，依照季節陳列不同的書籍和新書。

C 店門口的書架上，除了繪本、兒童書以外，其他書籍皆有折扣。
D 《小朋友的朋友》（こどものとも）、《很多的不可思議》（たくさんのふしぎ，（福音館書店）等，令人懷念的系列書籍並排著。

03

進入新繪本的世界

smokebooks

NEW OLD
（部分）

BOOKS	繪本、兒童書、藝術書籍等
SHOP NAME	聽起來很響亮，想像著書本被煙燻變舊了
OPEN DAYS	2009年4月吉日（2011年在清澄白河開店）

位於前往東京都現代美術館路上的smokebook，因為地理位置的關係，開幕當時以設計和藝術等類型的書籍居多。隨著美術館的休憩，店內的所有藏書通通改成了繪本。雖然是完全不同的類型，但事實上都具有視覺享受的效果，是一個相當大膽的改變。

將世界各地難得一見的繪本放在一起比較，非常的有趣。此外，這裡還有繪本作家堀內誠一的作品集，能更深入了解作家。從各種不同的觀點來看繪本的世界，不但變得更寬廣、也更有趣了。

地址 | 江東區三好3-9-6
營業時間 | 11:00～16:00
公休 | 星期日、一、四、五
車站 | 從東京METRO半藏門線清澄白河車站B2出口步行7分鐘
網址 | http://www.smokebooks.net/

📍 超大的展示窗和白色屋頂是書店的特徵。外觀看起來很像生活雜貨店，非常可愛。

二次大戰前非常受到歡迎的《野狗小黑》（のらくろ），封面是布製的書套，非常可愛，全彩色印裝，以當時來説堪稱是豪華之作。

這個是書店招牌

地址 | 江東區高橋8-4 Koyama大樓1F
營業時間 | 12:00～21:00
公休 | 星期一
車站 | 從都營大江戶線森下車站A6出口步行3分鐘、或是從同線清澄白河車站A2出口步行4分鐘
網址 | http://www.honnokibooks.com

📍 就在高橋Norakuroad當中，本之木的招牌是標誌。

04

在「聖地」的商店街接觸世界名作

古書本之木
古書ほんの木

OLD

BOOKS	文藝、人文書、SF、與《野狗小黑》（のらくろ）有關的書籍
SHOP NAME	取自地名「森下」的森字，象徵有許多書
OPEN DAYS	2013年5月25日

漫畫《野狗小黑》的作者田和水泡曾住過江東區，在紀念館「田和水泡野狗小黑館」附近的商店街高橋Norakuroad裡，則有一間「古書本之木」。店內有相當多《野狗小黑》的系列書籍，還有科幻小說、文學、人文書籍等，藏書相當豐富。若前往「野狗小黑館」參觀，一定要順道來一趟！

店內的書籍以現代詩、外國文學的翻譯書為主。繪本區有椅子，小朋友可以在這裡待很久。

05

獻給所有熱愛文學的讀者

古書椎木堂
古書しいのき堂

OLD

BOOKS	文學、人文書、繪本（1960～70年代的小説和詩居多）
SHOP NAME	因為喜歡樹木，無意間就取了這個名字
OPEN DAYS	2016年7月21日

古書椎木堂的老闆山口俊文，非常熱愛文學和詩歌，店內的書籍一開始來自於他個人的藏書，數量很驚人。尤其是詩歌的作品格外豐富，這裡有萩原朔太郎全詩集等的全套書、幾十本《現代詩文庫》，現代詩人的作品集整齊排列著。來到這裡，能一頭栽進豐美的語言世界。

地址 | 江東區森下1-3-10 M's Heights 1F
營業時間 | 12:00～19:00
公休 | 不定期公休
車站 | 從都營大江戶線森下車站A7出口步行2分鐘，或是從同線清澄白河車站A1出口步行6分鐘

📍 從森下車站A7出口走出來，轉個彎就到了。

超現實主義、魔術、性愛、球體關節人偶……如果提到這些關鍵字，最推薦古書Doris。書店的外觀看起來非常普通，店內的氣氛也很一般。但只要往書架看過去，架上的書會帶領讀者進入幻想美術的深奧世界，這是一家擁有兩種截然不同面貌的書店。

Doris不光只是一間舊書店，店內也會舉行現代藝術家展，這裡同時也是幻想美術文化的傳遞站，同時會展示相關的雜貨，店內均有販售，因此吸引不少幻想美術的愛好者特地前來。雖然這裡的書籍比較冷門，但就算是一般人也能毫無心理負擔地輕鬆進入店內，體會與世俗不同的世界。

06

打開通往幻想世界的大門看看吧！

古書Doris

古書ドリス

OLD

BOOKS ── 幻想美術、文學等，與19世紀末的藝術相關的書籍

SHOP NAME ── 取自於德國的實驗音樂團體Die Tödliche Doris

OPEN DAYS ── 2012年12月3日

🅰 店內的書籍包括了法國文學家澁澤龍彥也相當推薦的《The Gloomy Experience》等書。🅱 以球形關節人偶而聞名的漢斯 貝爾默（Hans Bellmer）的攝影集，以及相關書籍都在這個書架上。🅲 銅版畫家林由紀子製作的藏書票，也能在該店買到。🅳 現代球體關節人偶作家的作品和展覽。照片上是槙宮Sai的作品。

地址 | 江東區森下2-10-2 Parkrodan 101
營業時間 | 12:00～20:00
公休 | 星期三
車站 | 從都營大江戶線森下車站A6出口步行2分鐘，或是從同線清澄白河車站A2出口步行7分鐘
網址 | http://www.kosyo-doris.com

📍 離森下公園很近，乍看之下是普通的舊書店。

可以住宿的書店

愛書人應該都曾經想過，「要是能在書店過夜就好了」；
「BOOK AND BED TOKYO」，就是讓讀者實現這個夢想的地方。

宛如在夢中的入住體驗

——請介紹「BOOK AND BED TOKYO」這間書店。

這是由不動產仲介公司R-STORE所經營的飯店，我們想要提供的是一個「睡前的體驗」。因為非常投入於書中的世界，不知不覺睡著了，像這樣的一個幸福體驗，是我們想要帶給民眾的。

——店內有些什麼樣的書？

並沒有特別篩選，我們希望不止是愛書的人會來，也希望顧客是抱著休閒的心情來看書，所以我們大多選擇一些讓人一眼就會產生興趣的書籍。舉例來說，專門介紹亞洲超市的《SUPER MARKET MANIA ASIA》（講談社）等，讓人忍不住想要翻閱。整館約有三千二百冊的書籍，委託「SHIBUYA PUBLISHING BOOKSELLERS」（P.118）篩選。

——店內的書可以購買嗎？

由於這家店的概念是「可住宿的書店」，所以書籍不對外販售。我們認為最重要的是「睡前的體驗」，也就是讀書的時間。

為了讓顧客能好好的放鬆、享受這段屬於自己的閱讀時光，我們還特別準備了睡衣，因為穿起來很舒服，顧客的反應都很棒。這裡還有一點特別之處，就是「一邊喝酒一邊看書」，為此店內還有一個酒吧。

床鋪正對著一整面牆的書架。這是一個很棒的睡眠環境。從窗戶看出去，池袋的街景盡收眼底。

——來的都是什麼樣的客人？

大多都是觀光客，也有不少人是想要轉換一下心情所以到店裡來。事實上，我們店裡還有不用過夜的方案，請大家一定要來體驗看看。

除了酒精飲料外，還有其他飲料和輕食可以選擇。FROM FARM的MIXNUTS超美味。

info

【地址】豐島區西池袋1-17-7 Lumiere大樓7F 【車站】從各線的池袋車站C8出口步行30秒 【營業時間】Check in 16～23點、Check out 11點 【公休】無 【網址】http://bookandbedtokyo.com/tokyo

Category 02

發掘具有特色書店的
好奇心之街

池袋
Ikebukuro

東武東上線

JR埼京線

堀之內橋

JR山手線

D-BOX

明治通

帝京平成大

Bic Camera

WACCA
IKEBUKURO

大地屋書店　Marui

夏目書房
池袋本店

東武
池袋車站

池袋車站

Paroc

山田
電機

● ANIMATE池袋本店
▶P.089

BOOK AND
BED TOKYO

東武

東口

池袋車站

池袋車站

池袋車站

池袋車站

池袋車站

東京METRO丸之內線

東京
藝術劇場

池袋車站

西武

Sunshine
City

旭屋書店池袋店

Lumine

東口五差路

池袋警察署前

熊澤書店
池袋店

三省堂書店
池袋本店

東京METRO副都心線

豐島岡女子
學園高校

首都高速池袋線

南池袋

西武
別館

東京METRO有樂町線

自由學園
明日館

西武池袋車站

淳久堂書店池袋店

南池袋1

FamilyMart

南池袋2

豐島
區公所

中央
圖書館

上屋敷
公園

東池袋車站

派出所

東武池袋線

● ── BOOKGALLERY
POPOTAMU
▶P.090

Sunkus

南池袋小學

目白庭園

肉的Hanamasa

● 古書往來座
▶P.088

都電雜司谷車站

東京天狼院
▶P.086

東京音樂大學

7-11

JR山手線

明治通

川村高校

川村小學

東京METRO副都心線

都電荒川線

目白小學

目白通

雜司谷車站

目白車站

目白警察署

鬼子母神前車站

學習院大學

繪本之家 直營店
▶P.091

千登世橋上

N　0　　　　　200m

C 書店內設有面板，就像閱讀雜誌一樣的有趣。D 店內會舉辦各種主題的活動，並在告示板寫上近期舉辦的活動資訊。E 超受歡迎的暖爐座位，夏天則是有冷氣，相當舒適，可以預約。

A 商業書架上，放著書店老闆三浦崇典最愛的行銷類書籍。B 店家特地提供記事本，歡迎顧客寫下對天狼院的要求或是想法。

01

體驗「讀書的目的」

東京天狼院

NEW
（每週4～5次）

BOOKS	各種類型的書籍。就像雜誌一樣，每個月、每個季節都會更換。
SHOP NAME	因為聽起來很響亮（不太記得了）
OPEN DAYS	2013年9月26日

地址｜豐島區南池袋 3-24-16 2F
營業時間｜12:00～22:00，星期六、日，國定假日／10:00～
公休｜不定期公休
車站｜從各線的池袋車站東口步行12分鐘
網址｜http://tenro-in.com/

📍 從淳久堂書店池袋本店，經東通步行約5分鐘。

TENRO-IN ORIGINAL

連同福岡店、京都店在內，全國有三家門市的天狼院書店，其中位於東京的門市就是這間「東京天狼院」。

這裡以「READING LIFE」為主題，讓民眾「體驗讀書的目的」。最具代表性的就是稱為「社團」的各種活動。書店找來各領域的專家當講師，參加的民眾成了學員，愉快的學習各項技術。例如「攝影社團」邀請了專業攝影師榊智朗、松本茜等人，教授攝影的技巧，有時也會將民眾拍攝的照片，刊登在天狼院書店發行的雜誌《READING LIFE》上。除了攝影之外，還有許多不同領域的專家擔任講師，參加的者除了一般民眾外，更有不少是有志成為創作家的年輕人。雖然是書店，卻不拘泥在閱讀這件事上，東京天狼院提供民眾一個場所，可從事與書籍有關的體驗。「自己也想要做點與書籍有關的事情」，如果有這樣的想法，東京天狼院或許能滿足你的渴望。

也有賣
陶俑嗎？

A 在附近的雜司谷墓園長眠的人、或是與雜司谷有關的作品，通通放在這個書架上。

B 抬頭一看，是森高千里《非實力派宣言》專輯的海報，這六個字可說是該書店的指標。

C 據說有很多人一不留神就一頭撞上門，於是多了這顆球，提醒進出的顧客。

D 擺滿書籍和古董的店內。不少人是沖著愛開玩笑的老闆瀨戶而來。

E 吉祥物「晴—Ri—（Ha—Ri）」，帶有希望天氣晴的意思。

地址 | 豊島區南池袋3-8-1-1F
營業時間 | 12:00左右～22:00，星期一／～18:00
公休（無休（會有臨時公休或變更）
車站 | 從各線的池袋車站東口步行8分鐘
網址 | http://www.kosho.ne.jp/~ouraiza

♀ 從池袋車站轉入明治通後往南走即可到達。

店內的木製書架，幾乎全是老闆手工製作，而且每個書架還有名字。書籍以文藝書、美術書、與演藝相關的書籍居多。

02

就像到朋友家作客一般

古書往來座

NEW OLD

（部分）

BOOKS	各類書籍（文藝、美術居多）
SHOP NAME	來自於恩師的話「教室是走廊的延續、走廊是校園的延續、校園是人來人往的馬路的延續」。開店初期的概念是，「書架是書店的延續，書店是人與人往來的延續」。
OPEN DAYS	2004年5月24日

店內貼著森高千里的專輯海報「非實力派宣言」，藉此道出老闆的想法。「雖然不像傳統舊書店那樣具有實力，但……」；店內給人溫暖的感覺，就像在家一樣自在，這要歸功於瀨戶先生的人格特質。

希望能成為一家會讓顧客想要上門的書店」，往來座的老闆瀨戶雄史說。因此店內的書，沒有商業書籍等會立即產生效果的書，而是以文藝書、美術書等、能增加自己深度的書為主。日文的打字機、吉他、陶俑等，書籍以外的古董，這裡也能找到。

「沒有什麼特別的長處，只

2樓後方的書架上整齊排列著輕小說，藏書豐富，國內屈指可數。

樓梯上貼著漫畫或是動畫的海報，讓人忍不住停下腳步。

由喜歡百合（女同志的戀愛小說）小說的職員打造的「Animate百合部」專區。

地址 | 豐島區東池袋1-20-7
營業時間 | 10:00～21:00
公休 | 無休
車站 | 從各線的池袋車站東口步行5分鐘
網址 | http://animate.co.jp/shop/ikebukuro

遠遠就能看到寫著「animate」的藍色大樓，應該不會迷路。

這個是被改編成動畫作品的專區，書籍和相關商品一起陳列著。

03

動畫 漫畫的綜合書店

Animate池袋本店

アニメイト池袋本店

NEW （每週2─3次）

BOOKS ── 輕小說、漫畫、雜誌、畫集、同人誌等
SHOP NAME ── 不明
OPEN DAYS ── 1983年3月30日

以動漫專門店而廣為人知的「Animate」，其創業地就是池袋本店。店內販售的書籍，以漫畫和輕小說為主。還有為各種角色的相關商品所設的販售專區，滿足動漫迷的需求。

在Animate，各店有自己推薦的商品，還會邀請作家、編輯出席書展或簽書會，無所不用其極的炒熱作品。因為如果沒有受歡迎的作品或是作家，店家將無法生存。書店為了要向作家表達感謝之意，自然要努力地傳遞作品的魅力，帶動銷售業績。

在目白的寂靜住宅區裡，有一間開店超過十年，以書籍和藝術為主題的複合式書店Book Gallery Popotame。因為不是位於熱鬧的商圈裡，為了讓顧客能特地前來，於是從開店初期，就在附設的畫廊舉辦展覽會。也因為這樣，店內有相當多藝術書籍和相關的商品。

近年來，書店也開始參加國內外的書展，購買一些在日本國內很難得看到的書或是自費出版品。韓國、台灣等亞洲的書籍也相當多，這也是該店的另一個特色。這是一個讓讀者們認識新作家的珍貴場所。

Ａ入口是玻璃門，店內明亮，書店後方是畫廊。Ｂ香港的《雨傘見聞錄》，這裡也能找到亞洲的出版品。Ｃ該書店原創的托特包採客製化，顧客可以指定顏色。Ｄ Popotame發行的漫畫誌《Popocomi》，書中只收錄女性作家的作品，每一冊以女性相關的主題為主軸。

04

認識新作家

Book Gallery
Popotamu　NEW OLD

ブックギャラリー
ポポタム

BOOKS	—國內外的自費出版品、藝術書、ZINE（獨立誌）、有簽名或是特別附贈禮物的書籍等
SHOP NAME	—取自於里歐坡 索瓦（Leopold Chauveau）的作品《河馬醫生的話》（福音館書店），書中的主角河馬醫生，就叫做Popotame
OPEN DAYS	—2005年4月1日

地址｜豐島區西池袋 2-15-17
營業時間｜13:00～20:00，星期六、日、國定假日／～19:00
公休｜星期三、四（會臨時公休）
車站｜從JR目白車站步行7分鐘，或是從各線的池袋車站口步行9分鐘
網址｜http://popotame.net/

位於池袋和目白之間，離重要文化財的「自由學園明日館」很近。

Ａ 不光是歐美國家的繪本，還收集了韓國、中國、伊朗等世界各國的繪本。國外繪本、童書約3500冊。
Ｂ 店內還規劃了國外繪本的絕版本專區，每一本書都相當珍貴。**Ｃ** 可在後方的座位上喝咖啡。

05

收集世界各地「最熱門的繪本」

繪本之家 直營店

[不定期]

BOOKS	國外的繪本（日本的繪本、兒童書也有少許）
SHOP NAME	易懂又簡單、只要是與繪本有關的，這裡都有
OPEN DAYS	2004年7月21日

地址｜豐島區目白1-7-14
　　　Misato大樓1F
營業時間｜12：00～18：00，
　　　　　星期六、日，固定
　　　　　假日／11：00～
公休｜無休
車站｜從JR目白車站步行8分鐘
網址｜http://ehon-house.com

♥ 從目白車站穿過學習院大學後，就在右手邊。

在「被國小的國語教科書採用的繪本」專區，有英語版和日語版。

外文書越來越不好賣，專賣外國繪本新書的店非常少，但繪本之家直營店就是其中一家。這間書店，其實是進口外國繪本的批發公司繪本之家所直營的店舖。

為了將國外繪本的魅力直接傳達給讀者，於是開了這間書店。目前，店內販售的繪本是從三十多個國家進口，數量超過了四千本。而選書的關鍵不外乎是「長銷好書」、「裝訂精緻、圖畫美麗」。書籍的陳列以獨特的觀點為主題，比方說「被國小的國語教科書採用的繪本」等，從不同角度享受閱讀的樂趣，這是將世界的繪本介紹給讀者的好地方。

可以待一整天的書店

被大量的書籍圍繞，這是只有在大型書店才能品嚐到的幸福感。
在這麼多的大型書店中，為各位介紹提供讀者特別體驗的書店。

代官山 蔦屋書店

在２樓的閱覽室，可以翻閱「VOUGE」（Condé Nast Publications）等，日本國內外雜誌的過期號。

在與雜誌賣場Magaine Street相連接的小房間裡，「人文、文學」、「藝術」、「旅行」等類別的書架並排著。

從全國性的雜誌到外文雜誌、小出版社的雜誌等，應有盡有的Magazine Street，全長55公尺的書架，收集世界的最新資訊。

地址 | 澀谷區猿樂町17-5
營業時間 17:00～26:00
公休 | 無休
車站 | 從東急東橫線代官山車
站正面出口步行4分鐘
網址 | http://real.tsite.jp/
daikanyama/

「T」字形的時尚建築物，1號館到3號館並排著。

代官山蔦屋書店可以讓人待一整天。在一到三號館的超大空間裡，分成了人文・文學、藝術、建築、汽車、料理、旅行等六個類別，約有十五萬冊的藏書。每個類別有專門人員負責選書，這當中最推薦的書架是「現在，非看不可的書」，從外國書到古書，整齊排列在書架上。東京最大的雜誌賣場「Magazine Street」也非常值得一逛。這裡的咖啡館可帶尚未結帳的書籍入內，很多人邊喝咖啡，邊享受閱讀樂趣，在這裡度過一段與書有約的優雅時光。

092

Category 02

發掘具有特色書店的
好奇心之街

神保町
Jimbocyo

神田女子學園高中

錦華公園

明治大學

御茶水小學

誠心堂書店 ●

LAWSON ●

都營三田線

白山通

VILLAGE VANGUARD
御茶水店

貓咪堂（「姉川書店」內）
▶P.096

高岡書店
神保町店

CHEKCCORI
▶P.097

Ministop

三井住友
銀行

● LAWSON

7-11

A4

A5

都營新宿線

三省堂書店
神保町本店

專大前

神保町車站

神保町

靖國通

書泉GRANDE
▶P.098

駿河台

A1

Book House Café

廣文館

A7

南洋堂書店

BOOKCAFE
二十世紀
▶P.099

岩波Hall

FamilyMart

鈴蘭通

書的鈴蘭堂

FamilyMart ●

東京堂書店
神田神保町店
▶P.094

派出所

神保町車站

神田一橋中學

東京METRO半藏門線

神保町1

共立女子大學

共立女子高中

一橋

N

0   100m

東京堂出版相當多的書，除了字典、歷史書等內容較深澀的書籍外，還發行《有助於看護 Rehabilitation Magic》（介護に役立つ　リハビリ マジック）等實用書。

01

開拓視野的「智慧據點」

東京堂書店
神田神保町店

NEW

（每月5次）

BOOKS —— 各種類型的書籍（文藝書、人文書居多）

SHOP NAME —— 來自於社名的東京堂

OPEN DAYS —— 1890年3月吉日

Ⓐ 書店的3樓，配合時下的話題舉行各種書展。Ⓑ 入口處隔著玻璃有暢銷書排行榜，以文藝、人文書居多的該書店，排行榜上的書也和大型書店有些不同。Ⓒ 在窗戶旁的咖啡座，可一邊看書一邊吃些輕食。Ⓓ 開幕至今不曾變換過的標誌，貓頭鷹是「智慧」的象徵。

地址 I 千代田區神田神保町1-17
營業時間 I 10:00～21:00，星期日、國定假日／～20:00
公休 I 無休
車站 I 從神保町車站A7出口步行3分鐘
網址 I http://www.tokyodo-web.co.jp

📍 面向神保町鈴蘭通，以綠色為基調的建築物。

神保町的東京堂書店是愛書人的聖地，文藝書和人文書的藏書，堪稱是業界之冠。儘管附近有兩家知名的新書書店，分別是熱賣書書籍最豐富的三省堂書店和娛樂書籍眾多的「書泉GRANDE」（P98）。但東京堂書店在神保町的存在感仍不容小覷，足見其重要性。

一八九○年開幕，營業初期以研究者需要的專門書居多，現在則以一般書籍為大宗。無論古今，這裡的藏書都能滿足想要提升知識的愛書人的需求。正因為如此，該書店才能持續經營了一百二十六年。

「盡可能的確認每天發行的新書，仔細的選擇和訂購」，河合靖店長說。福岡的書肆侃侃房等，出版社出版品，也能在店內的書架上找到。三樓是文藝、人文書專區，是該書店的強項，書籍有如小山般堆積，這裡也會舉行小書展，以不同的主題展現書的魅力。難怪這裡能滿足愛書人的需求，也不無道理。

因為外型而被稱為「軍艦」（正式名稱為「『知識』之泉」）的一樓書架。由河合店長負責挑書，從新出版的書籍當中選出值得推薦給讀者的好書。這裡的書籍每天都會變更，是東京堂書店最推薦的書架。

無論是雜誌、繪本還是攝影集，通通都是貓咪，清一色的貓咪書架。《ねこもえ》（萌貓咪，雙葉社）、《びより》（貓咪日和，辰巳出版）等，貓咪雜誌相當豐富。

地址 千代田區神田神保町
2-2 姊川書店內

營業時間 10:00～21:00，
星期六、國定假日
／11:00～18:00

公休 星期日

車站 從各線的神保町車站
A4出口，步行30秒

網址 http://nyankodo.jp/

📍 從神保町車站A4出口出來後，就可看到右手邊的建築物 川書店，貓咪堂就在書店裡。

02

充滿貓咪的書架

貓咪堂

にゃんこ堂

（每月1次）

BOOKS	各種類型的書籍（貓咪的書）
SHOP NAME	Nyako＝貓咪的店
OPEN DAYS	2013年6月吉日

貓咪書籍專賣店「貓咪堂」，就在姊川書店裡，是店中店。姊川書店，在二〇一三年，一家小書店，書店原本只是街上夕子商量之後，決定改造書店老闆姊川二三夫，跟女兒店。一開始，貓咪相關的書籍只佔了書架的三行，如今店內有一半以上的書架被貓咪堂的書籍占領。

看板和廣告文宣完全手工製作，所有書籍也由夕子親自挑選。店內還販售由漫畫家Kumakura珠美設計的袋子和書套等，貓咪相關的商品種類豐富。來去神保町感受貓咪的無窮魅力吧！

貓咪堂的貓店長Rikuo，雖然不在店內，但負責介紹貓咪書籍，同時在貓咪堂的Facebook上療癒讀者，相當活躍。

Ａ 小説、散文、繪本、漫畫、人文書、實用書等，書籍種類多樣。Ｂ 柚子茶、韓國餅。Ｃ「新韓國文學」系列。第一本的《菜食主義者》很受歡迎。

Cuon公司的老闆金承福在韓國購買的筆記本等雜貨，也在店內販售。

地址 ｜ 千代田區神田神保町1-7-3
三光堂大樓3F
營業時間 ｜ 12:00～20:00
公休 ｜ 星期日、一
車站 ｜ 從各線的神保町車站的
A5、A7出口步行1分鐘
網址 ｜ http://www.chekccori.tokyo/

📍入口處有設計師寄藤文平製作的標誌。

03

在神保町內的韓國文化傳遞站

CHEKCCORI

NEW OLD

［每週2〜3次］

BOOKS ── 韓文小説、散文、詩集等文學類占了7成，其餘則為繪本、漫畫和學習書等。

SHOP NAME ── CHEKCCORI是韓文，在書堂（朝鮮王朝時代的私塾）上完一本書之後，學生為了感謝老師而舉辦的宴會。

OPEN DAYS ── 2015年7月7日

「CHEKCCORI」是由翻譯並出版韓國書籍的出版社Cuon，以「韓國的書和咖啡」為主題，在神保町開設的書店。店內的書籍包括了由Cuon出版的「新韓國文學」系列叢書、韓語書籍、在日本出版與韓國有關的書籍、韓國雜貨和韓語學習書等。

書店的活動也很頻繁，包括了出版紀念活動、讀書會、影片放映會等，每週會舉行二至三次，聚集不少對韓國書和韓國文化有興趣的民眾。

CHEKCCORI是一間藉由「韓國」和「書」，連結人與人的咖啡書坊。

A 5樓是為了軍事迷而設的賣場，有許多戰車模型。**B** 地下室是偶像、格鬥技相關的賣場。**C** 狹窄的空間擺滿了鐵道書和相關商品，想得到的商品這裡都有。**D** 3樓的遊戲賣場，竟然有這麼多當紅的棋盤遊戲。

4樓是思想、宗教的書籍。也有筑摩學藝文庫的書籍。

地址 | 千代田區神田神保町1-3-2
營業時間 | 10:00～21:00，
　　　　　　星期六、日、國定假日
　　　　　　／～20:00
公休 | 無休
車站 | 從神保町車站A7出口步行1
　　　　分鐘

♀ 就在神保町大馬路旁的大樓裡，看到玻璃電梯就是了。

04

待一整天也不會膩的趣味空間

書泉GRANDE

書泉グランデ

（每週2～3次）

BOOKS ——與興趣、嗜好相關的書籍為主
SHOP NAME ——可能是因為開幕當時地下一樓有噴泉
OPEN DAYS ——1948年

「書泉GRANDE」是自由的，配合每層樓的主題，陳列的商品不僅僅只有書籍，可說是五花八門，應有盡有。舉例來說，六樓是鐵道專區，除了有鐵道書、過期的鐵道雜誌外，還有火車時刻表、火車行進聲音的CD、火車模型鑰匙圈等，足以讓粉絲們一待就是好幾個鐘頭，可見商品數量驚人。由於附近有三省堂書店和東京堂書店等綜合書店，為了能永續經營，書店強化自己的特色，而有了今日的規模。來到這裡就像是挖寶，越挖越有趣，是粉絲的天堂。

充滿著昭和懷舊風的咖啡座。照明和裝潢是以20世紀為主題。一邊吃著新井啟介店長推薦的絞肉和豆子咖哩，享受昭和的懷舊風情。

Ⓐ 粉絲眾多的評論家植草甚一的剪貼簿。Ⓑ 2015年去世的水木茂，也是昭和的代表作家。

地址 | 千代田區神田神保町2-5-4 開拓社大樓2F

營業時間 | 11:00～19:00星期日、國定假日／～18:00

公休 | 無休

車站 | 從各線的神保町車站A1出口，步行約30秒

網址 | http://jimbo20seiki.wixsite. com/jimbocho20c

📍 外面有著「@ワンダー」的大型綠色看板，2樓有咖啡座。

05

聚集20世紀的記憶

BOOKCAFE二十世紀

ブックカフェ二十世紀

OLD （每週1～2次）

BOOKS	落語、次文化、藝術、料理等
SHOP NAME	20世紀的記憶裝置
OPEN DAYS	2015年3月23日

以科幻、懸疑小說、電影的舊書店聞名的「@ワンダー」，該棟建築物的二樓，就是咖啡工坊「BOOKCAFE二十世紀」。這間書店當初是為了舉辦活動而開始的，有「大人的社團活動」之稱。活動內容包括了落語的公演、出版紀念等。至於店內的書籍，則是以「@ワンダー」所沒有的次文化相關書籍為主。

「二十世紀的記憶裝置」是書店的口號，內部裝潢也格外講究。例如一九七六年開播的連續劇「大都會」，老闆還特地去找了劇中所使用的椅子放在店內。來到這裡，彷彿時光倒流，回到了昭和時代。

逛一整天也不會膩

神保町舊書店街

神保町是全世界最大的舊書店街，許多的舊書店櫛次鱗比，愛書人來來往往。
很多舊書店都是朝北，那是為了避免舊書被太陽照射。

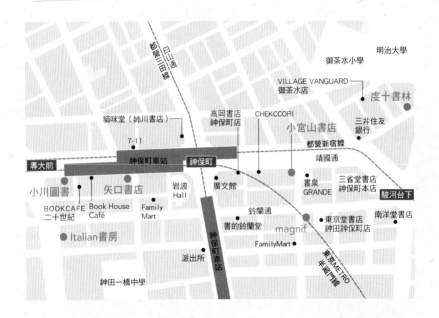

以舊書店街聞名的神保町，有著悠遠的歷史。始於一八六〇年代後期，當時不少大學相繼在這裡建校，為了因應聚集在此地的學者的需求，書店也一家跟著一家開。之後，舊書店街也開始出現了新的書店，逐漸發展起來。小宮山書店、矢口書店等，有不少書店持續經營到現在。

書店街裡的書，除了夏目漱石、太宰治等知名大文豪的簽名書外，還有平安時代的書畫等具有歷史價值的珍寶。當然，更多的是價格在數百至數千日圓之間的舊書。各種專賣店聚集在此，也是舊書街的魅力之一。例如電影海報、偶像寫真集的專賣店、舊漫畫雜誌專賣店、繪本專賣店等等。神保町是一個包容性很強的地方，充分的滿足每個人不同的愛好。聽到舊書店街這四個字，可能給人呆板、死氣沈沈的刻板印象，但只要去一趟，你一定會感到流連忘返。

虔十書林

與電影有關的書籍、手冊、海報等紙類商品，這裡應有盡有。此外，還有近現代的文學、美術書等。陳列在書架上的都是裝訂精緻、封面美麗的書籍。該店沒有網路書店，他們堅持親手將書交到顧客的手上。

地址 | 千代田區神田小川町
3-20 稗田大樓1F

小宮山書店

這是一九三九年創立至今的老字號舊書店。店內以美術書、攝影集、文學、哲學、民俗學等相關書籍居多。價值數萬至數十萬日圓的古董級攝影集、三島由紀夫等知名作家的親筆簽名書等，也能在店裡發現。當然也有數百日圓就能買到的舊書，而且種類相當多，難怪顧客絡繹不絕。

地址 | 千代田區神田神保町1-7
網址 | http://www.book-komiyama.co.jp/

magnif

黃色外觀的舊書店「magnif」，在舊書店街裡非常醒目，這裡是以雜誌為主的舊書店，包含《VOGUE》等流行服裝雜誌為主，日本國內外的雜誌、攝影集，數量相當多，如果想要找有關視覺美學的書籍，來這裡準沒錯。

地址 | 千代田區神田神保町1-17
網址 | http://www.magnif.jp

Italian書房

這裡是日本第一家從義大利進口書籍的書店，被視為是「義大利文化之窗」，於一九五八年開店。目前以義大利文的書籍為主，也經營西班牙、葡萄牙、中南美洲的書籍。義大利的佛羅倫斯有該書店的分店，可以直接取得義大利的最新資訊。

地址 | 千代田區神田神保町2-23
網址 | http://italiashobo.com

小川圖書

這裡是外文書和外文雜誌的舊書專賣店。店內的書籍包括了英美文學的原著和小泉八雲的著作——他是將日本文化傳遞到歐美的重要推手，以及成為日本和歐美諸國接觸點的書籍。這裡最大的特色是字典相當多，因為要閱讀古代的外國書籍，字典絕對不可少。

地址 | 千代田區神田神保町2-7
網址 | http://ogawatosho.jimbou.net

矢口書店

專門販售電影、戲劇書籍的矢口書店創業於一九一八年，是一間歷史悠久、風格獨特的書店。店內的書包括了老舊的電影專門雜誌、腳本、落語和歌舞伎等傳統藝能的書籍。文學全集、初版本等，皆能以便宜的價格購入，店門口的書架絕對不可以錯過。

地址 | 千代田區神田神保町2-5-1
網址 | http://yaguchi.movie.coocan.jp

書店的書套

買書時，店員會幫書包上書套；
把書套當作是逛書店的新樂趣，這其實是個超過想像的深奧世界。

逛書店時，記得要拿伴手禮

──在書店買書時，店員會幫書包上套子，這叫做「書套」。為什麼取名為書套呢？

原本書套在中文裡指的是書的封面、書的包裝。專門收集書店書套的團體「書套友好協會」在一九八三年成立時，決定將這個字用作於「在書店買書時，將書本包起來的封套」。

──為書包上書套，這樣的文化是從何時開始的呢？

從大正至昭和初期開始的。書套的作用包括了不弄髒書本，作為書店的廣告之用、防止書本遭竊等，時至今日，全日本的書店都會在顧客購書時，為書套上書套。順道一提的是，為書包上書套並非只有日本才這麼做（過去，韓國和台灣的部分書店，也提供這樣的服務）。

──Domuka先生是從什麼時候開始收集書套的呢？

我已經收集了將近四十年。學生時代開始因為喜歡書店，於是自費出版了名為《書店》的實驗性雜誌。當我拿著雜誌到各書店去接洽時，無意中發現每家書店都有自己的書套，更有趣的是，每個書套都各有特色。於是我開始尋找自己喜歡的設計以及材質，不知不覺當中就有了收集書套的習慣。

關於這一點，目前並沒有留下正確的紀錄，但從江戶時代開始，就都有自己的書套這樣的文化。而有包書這樣的習慣。

設計和種類可說是五花八門。而且每間書店的書套都不對外販售，只有買書才會給。將書套當作是逛書店的伴手禮，從現在開始收集吧。

的是單純採用該書店的標誌，其作品、地區的地圖或風景、還有知名藝術家的

──具體來說，您有哪些特別的書套呢？

有些書套是借用岡本太郎、畢卡索等知名藝術家的

「BOOKS RUHE」開店二十週年的書套。這是設計師Kin Shiotani的設計。

Domuka先生最喜歡的「南天堂」的書套。大正時代的文士們聚集在該書店，因此留下不少傳說。

書店觀察家。在學生時代創刊了與書店有關的雜誌，也從事書籍取材的工作，之後的三十年以書店觀察家自居，並且持續收集書套。他將收集來的書套放進檔案夾裡妥善保管，累積的書套超過二公尺高。
http://www.facebook.com/honyasanka

Category 03

時尚書店櫛次鱗比的
文化之街

表参道
Omotesandou

Shelf

外苑西通

on Sundays
▶P.111

明治神宮前
明治神宮前車站

BOOK MARC

東京METRO千代田線

JR山手線

SEE MORE
GLASS
▶P.114

FamilyMart

副都心線
東京METRO
明治通

UTRECHT
▶P.112

0   200m

代々木八幡

↑初台車站

MOTOYA
Book・Café・
Gallery
▶P.115

代々木公園

山手通

0   200m

SO BOOKS
▶P.115

東京METRO
千代田線・
小田急小田原線

代々木
八幡車站

代々木
上原車站

幸福書房

代々木
公園車站

南青山3

東京METRO半藏門線

東京METRO銀座線

神宮前小學

表参道Hills

青山通

表参道

東京口千代田線

H.I.S.旅行和書和咖啡
和Omotesando

山陽堂書店
▶P.104

蠟筆之屋
▶P.106

A2

A1
oak
表参道

表参道車站

A3

A4

FamilyMart

7-11

LAWSON

A5

東京METRO千代田線

B2

Ao

Spiral

青南小學

青山BOOKCENTER本店
▶P.107

南青山5

La Porte
青山

FamilyMart

青山通

古書 日月堂
▶P.108

根津
美術館

聲音與語言
「HADEN BOOKS
▶P.109

青山學院大學

FamilyMart

LAWSON

Minotti

長谷寺

青山學院
女子短期大學

南青山6

Rainy Day
Bookstore&Cafe
▶P.110

青山學院中學

六本木通

南青山7

首都高速公路澀谷線

高樹町

青山學院
高中部

澀谷4

N   0   200m

Ａ表參道是流行的最前線。可能是因為這樣的原因，與法國和巴黎有關的書非常暢銷。Ｂ維克多‧弗蘭克（Viktor Emil Frankl）的著作《夜與霧》是遠山先生非常喜愛的一本書

Ｇ書架雖然不大卻非常充實，利用階梯的牆壁將有限的空間做了最大的發揮。Ｄ店內的氣氛讓人心情平靜，絲毫不覺得這裡離表參道車站步行僅30秒的距離。Ｅ櫃臺周邊有不少讓人想要順道購買的話題書。

01

在表參道屹立不搖125年

山陽堂書店

〔每月1次〕

BOOKS	文藝、旅遊、飲食、生活、設計等
SHOP NAME	出自於明治45年出版的《賴山陽先生唐詩帖》的〈山陽〉，另外也有一說是來自於山陽道的山陽
OPEN DAYS	1891年3月5日

在表參道和青山通交叉路口的黃金地段，有一間營業超過一百二十五年的書店——山陽堂書店，是一間自一八九一年創業至今的老字號書店。開幕隔年芥川龍之介才出生，由此可知該書店具有悠久的歷史。

書店歷經三度搬遷和改建，而成為現在的樣貌。最近一次重新裝修是在二〇一一年，將二樓和三樓改建成畫廊，曾舉辦過插畫家西安水丸等人的創作展和設計討論。可以輕鬆閱讀的文庫和設計類的書籍，數量不多也不少，據說是店員與在附近工作的客人開談之中所得到的結論。

老闆遠山秀子說：「從前和現在，山陽堂所扮演的角色也出現了變化。在忙碌的現在，位於表參道的山陽堂書店，希望能成為民眾想要喘口氣、稍事休息時的好去處。」這是一間歷經歲月，交織著現在和未來的書店。

一八九一年創業以來，經過表參道和御幸通的誕生、第二次世界大戰、以及東京奧運時的道路拓寬，輾轉來到現址。壁畫是出自畫家谷內六郎之手的「傘洞是第一顆星」，繪於一九七五年。

地址 | 港區北青山3-5-22
營業時間 | 11:00～19:00，星期六／～17:00
公休 | 星期日、國定假日（星期六會不定期公休）
車站 | 從東京METRO表參道車站A3出口步行30秒。
網址 | http://sanyodo-shoten.co.jp

📍從表參道車站上來後，立刻就能看到。

A 入口處的平台上放置著話題的新書和雜貨小物。**B** 2樓是玩具區，有木製的玩具、絨毛玩具等。**C** 3樓的「蠟筆小姐」專區，陳列著有機的生活雜貨。**D** 地下樓層是蔬果店和餐廳，販售有機食品。**E** 3樓後方是女性專區，照片上是老闆落合惠子的選書專區。

地址| 港區北青山3-8-15
營業時間| 11:00～19:00，
　　　　　星期六、日、國定假日
　　　　　/10:30～
公休| 無休
車站| 從東京METRO表參道車站
　　　　A1出口步行3分鐘
網址| http://www.crayonhouse.
　　　　co.jp/shop/c/c

📍 有個大玄關，可以在長椅上休息。

02

家長們教養路上的堅實後盾

蠟筆之家

クレヨンハウス

（每月1次）

BOOKS	繪本、兒童書、健康、生活實用書、思想等
SHOP NAME	就像蠟筆有很多的顏色，這間書店也有很多書
OPEN DAYS	1976年12月5日（1986年搬遷）

表參道的「蠟筆之家」是由作家落合惠子經營的老字號書店。四層樓的空間裡，全是為女性和小朋友準備的書籍、雜貨和食品。

最值得留意的是繪本的選書，每個月有一至兩百冊童書問世，負責的店員將這些書瀏覽一遍，以「是否會成為長銷好書」為基準，從中挑選十至二十本。因此，當有顧客前來諮詢時，店員會立刻挑出推薦書。除了繪本之外，該書店還有育兒、保育相關的書籍。蠟筆之家成為養育小孩的家長，最堅強的後盾。

寬敞的店內，從天花板懸掛而下的分類標示板，引導顧客找到需要的書籍。建築書、設計書在書店的後方。店內不但有攝影集、作品集，還有理論書，藏書豐富。

陽光照射的玻璃外牆旁，有一整排的雜誌。除了全國性的雜誌外，還有來自歐美、亞洲的外文雜誌。

地址┃澀谷區神宮前
5-53-67Cosmos青山
Garden Floor B2
營業時間┃10:00～22:00
公休┃無休
車站┃從東京METRO表參道車站
B2出口步行7分鐘
網址┃http://www.aoyamabc.jp/
store/honten

📍從國際連合大學旁往裡走搭電梯往下即可到達。

03

創作家最愛的書店

青山BOOKCENTER
本店

青山ブックセンター本店

 NEW OLD

BOOKS	各種類型的書籍
SHOP NAME	開設當時，有某位員工非常喜愛青山這個地名
OPEN DAYS	1996年3月吉日

被暱稱為「ABC」（Aoyama Book Center）的「青山BOOK CENTER」的本店，三百坪大的店內，以設計書、攝影集、建築書居多，入口處的左手邊有著其他書店所沒有的外文雜誌。由於書籍種類豐富，創作家都是該書店的顧客。店內也會邀請第一線的設計師或是藝術家舉行座談會，優衣庫的商標設計佐藤可士和就曾在這裡開講。二○○四年關店時，還有上千名的顧客連署奧援，擁有不少死忠的粉絲。

書籍或是資料依照主題分裝在箱子或是抽屜裡。與牽引近代都市文化的歐美諸國進行交流的文獻、於第一次世界大戰當時發行的法國諷刺漫畫雜誌等、年代久遠的書籍，都能在書架上找到。

Ａ打開門，眼前是一片瀰漫著獨特氣氛的紅色世界。Ｂ收集戰前、戰後的旅行手冊的箱子

地址｜港區南青山6-1-6 Place青山205
營業時間｜12:00～20:00
公休｜星期日（星期一、三，星期五會不定期休假）
車站｜從東京METRO表參道車站A5出口步行7分鐘

📍 根津美術館正對面的建築物的2樓，陽台上有支旗子。

04

收藏珍貴書籍的「紙張博物館」

古書 日月堂

OLD （每月1次）

BOOKS	戰前・戰後當時的和書、外文書。日本・歐美交流的相關資料
SHOP NAME	來自於禪語當中的「壺中日月長」，希望能成為一間超越時空、別有洞天的舊書店
OPEN DAYS	1996年11月吉日（2009年搬遷）

古書日月堂是一間給人有點距離的書店，位於大樓的二樓，店內的陳設全都是紅色的，箱子整齊的排列著。

「我希望那些想要尋找世界上獨一無二的東西的人，能夠到店裡來」，佐藤真砂店長說出了自己的希望。箱子裡有戰前的日本留學生在歐美留下的片段紀錄、以近代的都市文化為主題，放置在博物館裡的珍貴資料等等。如果跟店家提出請求，會仔細說明與商品有關的資訊。由博物館的研究員貼身解說，是相當奢侈的體驗。

Ａ 在咖啡座裡，品嚐老闆林下先生所泡的咖啡，同時享受書香和音樂。Ｂ 書店空間。與書本一起販售的CD，不會打擾顧客看書，反而會讓人擁有好心情。Ｃ 該書店有特調咖啡、紅茶和紅酒，此外也提供輕食。照片裡的甜點是來自大分湯布院的和果子「JAZZ羊羹」。

地址	港區南青山4-25-10南青山Green Land大樓
營業時間	10:00～20:00
公休	星期一
車站	從東京METRO表參道車站A4出口步行7分鐘
網址	http://www.hadenbooks.com

📍 就在根津美術館附近的小巷裡，在一棟有著超大玻璃窗的大樓2樓。

05

想不想要稍微休息片刻呢？

聲音與語言「HADEN BOOKS」

音と言葉 "ヘイデンブックス"

NEW OLD（部分）（每月1次）

BOOKS	攝影集、圖鑑、小說、散文等
SHOP NAME	來自於老闆最喜愛的貝斯手查理·海登（Charlie Haden）的名字，演奏出貼近旅行、閱讀的音樂
OPEN DAYS	2013年9月20日

書店少見的鋼琴，週末會舉辦演奏會或是現場演出。

寂靜的空間裡，店內流洩出寧靜的音樂聲，令人不敢相信，在表參道旁竟然有如此幽靜的場所。就如同店名一樣，是以音樂和語言（＝書籍）為主題，綜合了書店和咖啡、美術館、活動空間等四項元素。

「在日常中保有幻想和悠久，希望讓顧客來到這裡，能享受一段猶如出門旅行般的特別時光」，這是店長林下英治的期望。書店藉由書籍和音樂，傳達生活的態度、勾起讀者出門旅遊的渴望。只要閱讀這些書，就會拋開日常瑣事，進入書本的世界。如果對都市的喧囂感到疲憊，歡迎到這裡來。

Ａ能收集到這麼多過期的《Coyote》雜誌，實在很少見。ＢCoyote的紅莓鬆餅，酸酸甜甜非常美味。Ｃ過期的《MONKEY》雜誌也出現在書架上。Ｄ店內的裝潢走古董風。

店裡所陳列的，全都是與出版社「SWITCH PUBLISHING」有關的書籍。包括了雜誌《SWITCH》、《Coyote》等，該出版社的出版品從書架上的藏書就能一目了然。

剛出版的新書會邀請作家本人朗讀，這樣的活動只有出版社所經營的書店才能辦到，這也成為作家和讀者之間的溝通橋樑。

這裡的飲料和食物菜單也相當豐富，附近居民都把這裡當作咖啡館。從古董通稍微再走一段路就會到了。

06

下雨天是最棒的讀書天

Rainy Day Bookstore & Cafe

NEW 📚 👛 ✏️ ☕ 🍴 🚩
（每月3次）

BOOKS	— 與「SWITCH PUBLISHING」出版社有關的雜誌和書籍
SHOP NAME	— 取自於「晴耕雨讀」，由小說家片岡義男命名
OPEN DAYS	— 2006年5月吉日

地址 | 港區西麻布2-21-28 B1F
營業時間 | 11:00～19:00
公休 | 星期一、二（如遇國定假日會營業）
車站 | 從東京METRO表參道車站A5出口步行13分鐘
網址 | http://www.switch-pub.co.jp/rainyday

📍 出版社辦公室旁有通往咖啡館的入口。

以現代美術為展示主軸的「Watarium美術館」，位於東京澀谷區，而該美術館內的商店就是「on Sunday」書店。

店內放置了一些日本國內外與流行藝術相關的重要書籍，就像是俯瞰現代美術的世界，該店注入最多心力的要算是美術家約瑟夫・博伊斯（Joseph Beuys）的書籍。「任何人都是藝術家，社會就像是大家創作的雕刻」，這是約瑟夫・博伊斯提出的「社會雕刻」思想，而這正也是Watarium美術館的中心思想。店內會舉行展覽或是藝術活動，藉此和全世界的藝術家交流，接觸世界各地的美術。

07

眼前是現代美術世界的地下空間

on Sundays

NEW OLD
（每月2~4.3'）

BOOKS	美術、建築、攝影集、設計類書籍（有外文書）
SHOP NAME	開幕初期只有星期天才營業
OPEN DAYS	1980年9月30日

地址｜澀谷區神宮前3-7-6
營業時間｜11:00～20:00，
　　　　　星期三／～21:00
公休｜無休
車站｜從東京METRO表參道車站A2出口步行11分鐘
網址｜http://www.watarium.co.jp/onsundays/html

📍沿著外苑西通走就能看到，外觀相當新潮的建築物。

Ａ1樓主要是雜貨小物的賣場。印度工廠製作的原創信封套組和記事本，非常受歡迎。Ｂ地下樓層有咖啡座。Ｃ地下室的書店空間。書架高到天花板，爬上階梯去高處取書。Ｄ這是負責人草野象最喜歡的作家・西島大介的書架。

A 閱讀了工作人員的解說後，忽然產生了翻閱書本的興趣。**B**「妖怪Nigi」是出版社Nieves的吉祥物。

08

充滿「新的發現」

UTRECHT

NEW OLD

（不定期）

BOOKS	國內外的藝術書籍、ZINE（獨立誌）等
SHOP NAME	因為設計師兼繪本作家的迪克·布魯納（Dick Bruna）出身於烏特勒支
OPEN DAYS	2002年11月2日（2014年搬遷）

地址 | 澀谷區神宮前5-36-6 Cayley公寓2C
營業時間 | 12:00～20:00
公休 | 星期一（如遇國定假日改為星期二）
車站 | 從東京METRO明治神宮前車站4號出口步行10分鐘、或是從東京METRO澀谷車站13號出口步行10分鐘
網址 | http://utrecht.jp

📍 位於錯綜複雜的小巷裡，在一棟白色建築物的2樓。

C 從車站走過來有點距離，店內還特地規劃了讓顧客休息的空間。**D** 曾有海外的藝術家帶著自費的出版品前來。**E** 為了讓降低初次上門的顧客戒心，書店有超大的窗戶，從外面看起來一覽無遺。**F** 書店logo出自設計師服部一成之手。

店內有許多窗戶，是個開放的空間。前方的平台上，展示的商品以藝術家自己製作的冊子、ZINE等為主，後方的牆壁上有一整面的書架，陳列著日本國內外的新書，左手邊的窗戶下方有一些舊書。順道一提，前方的書架是工作人員親手打造的。

神宮前的住宅區裡，四周幾乎沒有任何商店，而在這樣的地方，有一間名為UTRECHT的書店。

商品以國內外藝術家的自費出版品、外國小出版社的書籍為主。在店內逛一圈後，會發現有不少製作精緻的豪華本、充滿手作感的小冊子等，讓顧客忍不住讚嘆：「竟然有這樣的書」，帶給讀者從沒想過的新觀點和新發現。因為離開區有點遠，為了回饋這些「特地而來」的粉絲，店內有許多其他書店所沒有的書籍。

書店裡還有畫廊空間「NOW IdeA」，主要的展示主題為「介紹目前還在人世的作家」。展示的藝術作品以及作家自費出版物，都有對外出售。藝術不光是遠觀，更要近距離欣賞。這間書店無論是書籍或是舉辦的活動，都給了顧客新的觀點和發現。

店家在地下室，因此店內瀰漫著寧靜且祥和的氣氛。展示空間以右手邊的牆壁為主，四處都能看到。

店內有許多懷舊的繪本，基本上不對外販售。與食物・飲料成套購買的書籍，僅占書架的一部分。

Ⓐ 蠟燭燈光是該店的標誌。
Ⓑ 在附近工作的顧客最愛的玄米咖哩飯。

09

原宿不為人知的好所在

SEE MORE GLASS

OLD

BOOKS ——以繪本為主

SHOP NAME ——出自於沙林傑（Jerome David Salinger，J. D.）的短篇小說《逮香蕉魚的最佳日子》中的一段話

OPEN DAYS ——1996年9月6日

書店logo和店招設計，由繪本作家荒井良二一手包辦。

地址｜澀谷區神宮前6-27-8 Kyocera原宿大樓B1F
營業時間｜12:00～18:00，星期日、國定假日／14:00～
公休｜星期六、每個月的第一個星期日（會臨時公休）
車站｜從東京METRO明治神宮前車站7號出口步行3分鐘

網址｜http://www7b.biglobe.ne.jp/~seemoreglass

◎ 就在Kyocera原宿大樓的B1。

「SEE MORE GLASS」是一間可以一邊看著著繪本，同時愉快地享用著食物的咖啡館。提到開店原因，老闆坂本織衣說，「想要給上班族一段悠閒的時光」。正如同老闆所言，店內的書架高度幾乎到達天花板，陳列的繪本超過二千五百冊，一踏進店裡讓人的心情立刻沈澱下來，完全感受不到都市的喧囂。

除了繪本外，該店也會舉辦展覽、現場演奏、或是人偶劇。製作二十週年紀念CD時，與該店結緣的作家紛紛參加，繪本作家荒井良二特地繪製了CD封套。這雖然是一間位於原宿的小店，卻深受許多知名作家的喜愛。

A 攝影師佐藤時啟的原創照片列印。 **B** 2014年慘遭暴雨襲擊，歷經這個慘痛經驗，此後書架的最下層就不再放書。

地址 | 澀谷區上原1-47-5
營業時間 | 13:00～19:00
公休 | 星期日、一
車站 | 從小田急小田原線代代木八幡車站南口步行2分鐘、或是從東京METRO代代木公園站1號出口步行2分鐘
網址 | http://sobooks.jp

📍 在蔬果店旁，有著玻璃門窗的商店。

10

收集珍貴攝影集的專門店
SO BOOKS

OLD

BOOKS	攝影集、現代藝術、與流行有關的書籍
SHOP NAME	來自於以前的網路二手書店的店號「書肆小笠原」的開頭文字（Shoshi Ogasawara）
OPEN DAYS	2009年5月吉日

若喜歡Man Ray、荒木惟、Ryan McGinley等人，推薦你來到這家SO BOOKS。一整面牆的書架上，以八○年代的攝影集為主，還有與現代藝術和與流行相關的書籍。老闆個人非常喜歡攝影而開了此店，吸引不少愛好者不遠千里而來。雖然店面不大，卻是個充滿對攝影之愛的空間。

手工書籍的展示、製書座談會等，有相當多與書籍製作有關的活動。咖啡座不但有咖啡也提供酒精飲料。

地址 | 澀谷區初台2-24-7
營業時間 | 13:00～20:00
（LO 19:30）
公休日 | 星期一～三
車站 | 從京王新線初台車站的中央剪票南口步行8分鐘、或是從小田急小田原線代代木八幡車站北口步行8分
網址 | http://www.mo-ya.com

📍 在上坡道上會看到淡藍色的招牌。

11

位於住宅區內書籍與藝術的空間
MOTOYA
Book・Café・Gallery

NEW OLD
（每月1次）

BOOKS	藝術書、攝影集、與設計有關的書籍等，還有作家的手作本。
SHOP NAME	取自於老闆的名字
OPEN DAYS	2008年6月1日

佇立在寧靜住宅區裡的「MOTOYA Book・Café・Gallery」，是一間不用出遠門，就在住家巷弄裡的藝術畫廊。店主銘感於歐洲畫廊那種輕鬆自在的氣氛，於是開了這間店。

來到該店就像是身處於自家客廳般，在溫暖的氣氛裡，欣賞藝術作品或是沉浸在書香的世界裡。

書店的免費刊物

偶爾在書店的結帳櫃臺旁，會出現充滿手作感的免費刊物。
書店發行的免費刊物，蘊藏著書店員滿滿的熱情。

只有商品的書店，沒有魅力

——由書店員製作的免費刊物，是從什麼時候開始的呢？

關於這一點，並沒有確切的紀錄，但我曾看過一九六九年由書店發行的免費刊物，好像是從那個時候開始出現的。像現在這樣，大多數的書店都有免費刊物，我想應該是從二○一○年左右開始。

——空犬先生收集了來自全國書店的各式各樣免費刊物，大多是什麼樣的內容呢？

免費刊物的內容不外乎是推薦書的介紹、該書店所舉辦的活動等，大多是與書店有關的資訊。

一群在吉祥寺和三鷹的書店店員，共同發行的免費刊物「BOOK TRUCK」。

此外，還有書店員的日常雜記、四格漫畫、甚至是不輸給專業的插畫。而每份免費刊物都有一個共通點，那就是承載了書店員的熱情，透過文字完全能感受到書店員，想要「傳達書本魅力」的熱誠。

——空犬先生個人最推薦的免費刊物是什麼？

——首先我想要介紹的免費刊物是「書店Dennsuke Nyawara版」，這是由立教大學池袋校區前的書店「St-paulsplaza」的店員，同時也是Dennsuke的飼主負責，幾乎以月刊的方式發行。A4大小的紙張，正反兩面寫滿了書籍的相關資訊和插畫。與此相對照的免費刊物是「RUHE的傳言」，發行者是BOOKS RUHE（P.68）的店員花本武，只花五分鐘就完成一份免費刊物。這種懶散的感

覺也自成一種風格，讓人產生一種「竟然有這樣的店員」，很想去見見他的想法，是一份不可思議的免費刊物。

——正因為免費刊物不是銷售的商品，才能夠顯露出店員的個性。

正是如此，書店的魅力不只有不同人格特質的書店員。而讀者還有那些在書店工作、具有不同人格特質的書店員。而讀者透過免費刊物，了解書店員的想法，我個人覺得非常有趣。

由熊本縣的長崎書店發行的「Nagasyon通信」，全彩色印刷，非常豪華。

空犬太郎◎編輯、作家。個人的活動包括了以書店為主題的部落格「空犬通信」、巡迴演講。著作有《ぼくのミステリクロニクル》（我的推理小說編年史）、《國書刊行會》（國書刊行會）、《本屋図鑑》（書店圖鑑）、《本屋会議》（書店會議）》（共同著作，夏葉社）等。
http://sorainutsushin.blog60.fc2.com

Category 03

時尚書店櫛次鱗比的
文化之街

澀谷・惠比壽
Shibuya・Ebisu

原宿車站

東京METRO
千代田線

東京METRO副都心線

明治神宮前車站

駒場東大前

舊前田
侯爵官
邸洋館

BUNDAN
COFFEE&BEER
▶P.131

東京大學
教養學部

駒場國小

京王井之頭線

0   200m
西口

駒場東大前車站

HMV&BOOKS
TOKYO

SHIBUYA PUBLISHING&
BOOKSELLSES
▶P.118

紀伊國屋書店
西武澀谷店

文教堂書店
CA CAFÉ 澀谷店

SUNNY BOY
BOOKS
▶P.129

Sunkus

NADiff modern
▶P.122

SHIBUYA
TSUTAYA

丸善淳久堂書店澀谷店

大盛堂書店

FamilyMart

恭文堂書店
站前本店

啟文堂書店澀谷店

澀谷
Hikarie

古書遊戲 流浪堂
▶P.130

松濤2

神泉車站

首都高速澀谷線

澀谷車站

0   100m

學藝大學

京王井之頭線

山下書店澀谷南口店

實踐女子
學園高校

BOOK LAB TOKYO
▶P.119

Flying Books
▶P.120

AOI書店
澀谷南口店

國學院大學

神泉町

明治通

東急東橫線

廣尾中學・高校

山種美術

東急田園都市線

富士手通

東塔堂
▶P.121

JR山手線

攝影集食
MEGUTA
▶P.123

管刈小學

西鄉山
公園

第一商高校

猿樂小學

廣尾小學

智慧之木之實
▶P.125

COW BOOKS
▶P.126

代官山蔦屋書店

惠比壽西1

澀谷橋

青葉台1

代官山車站

西口

CHRONICLE BOOKS
▶P.125

有隣堂
atré惠比壽店

山手通

長谷戶小學

惠比壽車站

NADiff
a/p/a/
▶P.122

東山中學

鎗崎

東京METRO
日比谷線

惠比壽南

東口

東急Store

駒澤通

Sunkus

加計塚小學

中目黑車站

目黑
學院高校

八重洲Books Center
惠比壽三越店

烏森小學

中目黑Book Center

中目黑
蔦屋書店

POST
▶P.124

惠比壽
GardenPlace

東急東橫線

中目黑立體十字路口

N   0   200m

dessin
▶P.128

目黑區公所

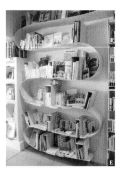

Ⓐ針對外國人士而設的東京導覽專區，以圖像的書籍為主。Ⓑ以「生活中的一本書」為主題，書店嚴選的50本書。Ⓒ以社交為主題的書架，選書不侷限於現有的類別。Ⓓ店內後方是文具與生活用品專區。Ⓔ曲線美麗的書架是書店獨創的。這裡是旅遊專區，沒有新書和舊書之分。

地址｜ 澀谷區神山町17-3 Terrace 神山1F
營業時間｜ 12:00～24:00，
　　　　　　星期日／～22:00
公休｜ 不定期公休
車站｜ 從東京METRO澀谷車站3a
　　　　出口步行10分鐘
網址｜ http://www.shibuyabooks.co.jp

📍 咖啡色磚瓦建築，有著玻璃門窗，非常時尚的書店。

01

剛出版的書能現場購買

SHIBUYA PUBLISHING & BOOKSELLERS

NEW OLD
（每月1～2次）

Category 03 : Omotesandou

BOOKS	各種類型的書籍（沒有少量發行的書籍或舊書之分）
SHOP NAME	取自於位於澀谷（SHIBUYA），出版書籍（PUBLISHING）也販售書籍（BOOK SELLERS）的場所
OPEN DAYS	2008年1月26日

「SPBS」是一間企劃編輯公司，同時也是一間書店，非常與眾不同。老闆福井盛太說，「希望書籍跟麵包一樣，當場製作當場販售」，於是有了這間店。隔著嵌著玻璃的牆壁，實現了書本製作和販售在同一個場所的想法。以「簡單地介紹困難的事情」為主題，由編輯者親自選書。「男孩和女孩」、「社交」等，自創的類別也受到矚目。此外，該書店也出版以澀谷為標題的冊子《Made in Shibuya》。無論是書本的排列、製作，都從新的角度切入，走自己的路。

A 65坪大的寬敞店內。IT相關的書籍中，不只有技術書、還有基礎的教科書，以及專業人士需要的專門書。

B 製作iPhone的App、遊戲軟體的書籍，整齊的排列著，讓人也想親自動手做做看。

02

來到這裡，創意源源不絕

BOOK LAB TOKYO

NEW 每月3~4次

BOOKS	IT相關書籍、設計、商業、建築、料理等。
SHOP NAME	取自於經營的公司（股份有限公司）Labit的Lab
OPEN DAYS	2016年6月25日

地址｜澀谷區道玄坂2-10-7 新大宗大樓1號館2F
營業時間｜18:00～23:00（LO22:30）
公休｜無休
車站｜從東京METRO澀谷車站2號出口步行3分鐘
網址｜http://booklabtokyo.com

📍 爬上道玄坂之後，就在左手邊，有一個直立式的招牌。

BOOK LAB TOKYO是網路服務公司Labit股份有限公司經營的書店。有一天，某個投資家問該公司的老闆鶴田浩之說：「想要奧援年輕的創作家，有什麼好點子嗎?」，鶴田回答「開書店」，這也成了書店的創立契機。

該書店選書的概念是「奧援製作者」，除了IT產業的相關書籍外，還有建築用書等，凡是與「製作」有關的，這裡都能找到。此外，該店也提供咖啡、輕食。這是一個適合討論事情、輕鬆工作的場所。如果自己也想要開始做點什麼，來到這裡應該可以得到答案。

A 店內的藏書包括了山尾三省、Nanaosakaki等，與日本的「部族」有關的書籍。**B** 《VOGUE》、《Seventeen》等，國外的流行雜誌種類也很多。**C** 店內的中央通道，木質的地板和書架，營造出讓人放鬆的氣氛。**D** 清爽口感的薄荷拿鐵。書店老闆到美國採購時喝到的，是一杯充滿回憶的飲品。

地址｜澀谷區道玄坂1-6-3澀谷舊書中心2F

營業時間｜12:00～20:00、
　　　　　星期日／～18:00

公休｜無休

車站｜從JR澀谷車站八公出口步行3分鐘

網址｜http://www.flying-books.com

離澀谷Markcity很近，認明2樓的藍色窗戶和羽毛的標誌。

03

一手拿著咖啡，飛進世界裡

Flying Books

OLD [不定期]

BOOKS —— 以攝影、藝術、流行、海外文學等為主

SHOP NAME —— 收集在全世界買來的書籍，帶讀者飛上天空的書店

OPEN DAYS —— 2003年2月16日

Category 03 · Omotesandou

「Flying Books」的老闆山路和廣說：「這間書店不走懷舊路線，而是收集與時下文化有關的舊書」。老闆開書店的原因，起於他在舊金山看到了「城市之光書店（City Lights Books）」那是一九五〇年代誕生的文學運動（垮掉的一代）聖地。因此，書店裡與「垮掉的一代」、反傳統文化相關，一九五〇至六〇年代的書籍尤其豐富。包括六十年前出版的「垮掉派」聖經：傑克·凱魯亞克（Jack Kerouac）的《旅途上》（On the Road），以及近年來受到該書影響的書籍，這些系譜都可以從書架上的藏書看得一清二楚。

整面牆都是書架，出版年份或是類型相近的書會放在一起。包括攝影師岡田邦明著的《滲透的光／滲透的形狀》在內，東塔堂出版的書籍也在這裡販售。

Ⓐ隔著玻璃，上下層放著相關的書籍。Ⓑ以絲網印刷印製的袋子很受歡迎，袋子上是該店的標誌。

04

遇見「新古典」

東塔堂

OLD （不定期）

BOOKS	20世紀以後的攝影集、設計、建築、藝術（視覺要素的書籍居多）類型的書籍
SHOP NAME	2006年開設網路二手書店時，從虎之門的辦公室看到了東京鐵塔。
OPEN DAYS	2009年5月18日

地址 | 澀谷區鶯谷町5-7第2Villa青山1F
營業時間 | 12:00～20:00
公休 | 星期日
車站 | 從JR澀谷車站西口步行6分鐘
網址 | http://totodo.jp

📍 從日本設計學院的角落轉彎後就在右手邊，白色的時尚建築。

出了澀谷站南剪票口後再走一小段路，就能看到東塔堂。

完全不像是舊書店的整齊店內，有著一整面牆的書架，非常壯觀。這裡有許多美麗的書籍，不少客人還是遠道而來的外國遊客。書架上陳列的是二十世紀以後所出版、稱為「新古典」的書籍。

店內也販售原創商品，設計師羽原蕭郎是從開業起的老顧客，他參與製作的日曆，是書店最推薦的商品。儘管位於澀谷商圈，但在這個宛如歐美精品店的書店裡，可以品嚐選購書籍和雜貨的奢侈感。

1樓的商品以容易取得的日文書和藝術商品為主，每一格書架的主題都不一樣。2樓是活動空間，以及包含外文書籍在內的專門書。

地址 | 澀谷區道玄坂2-24-1Bunkamura B1F
營業時間 | 10:00～20:00
星期五、六／～21:00
公休 | 無休
車站 | 從JR澀谷車站八公出口步行7分鐘
網址 | http://www.nadiff.com/?page_id=166

♥ 就在Bunkamura博物館的旁邊。

05

享受近代美術的廣度和深度

NADiff modern

（不定期）

BOOKS | 美術、攝影、電影、戲劇、音樂、建築、生活類等
SHOP NAME | 店內的商品以近代美術（modern art）為主，因此取名為NADiff modern。
OPEN DAYS | 2002年11月22日

NADiff modern就在有著美術館和劇院的Bunkamura博物館裡，架上的書以與近代美術有關的書為主。此外也會針對Bunkamura的展覽會或是上映的作品舉辦相關的書展，陳列的書籍有助於加深對作品的理解。書籍和雜貨會隨展覽而不同，每次拜訪就像是接觸一個新世界。

前方的平台是新刊書籍、後方是進口書專區。由美術家・大竹伸朗創作的「ニューシャネルT恤」等藝術商品，有對外販售。

地址 | 澀谷區惠比壽1-18-4 NADiff A／P／A／R／T 1F
營業時間 | 12:00～20:00
公休 | 星期一（如遇國定假日改為星期二）
車站 | 從JR惠比壽車站東口步行6分鐘
網址 | http://www.nadiff.com/?page_id=152

♥ 從小巷子走進去，會看到一個超大的玻璃窗。

06

如果想了解最新的現代美術，請到這裡

NADiff a／p／a／r／t

（每月1～2次）

BOOKS | 日本國內的現代美術、攝影集、外文書
SHOP NAME | New Art Diffusion的公司名稱的略稱「NADiff」成了店名
OPEN DAYS | 2008年7月7日

位於惠比壽小巷弄裡的藝術空間「NADiff a／p／a／r／t」，一樓是書店、地下室是NADiff Gallery。畫廊每年會舉行十次展覽，介紹備受矚目的藝術家。這裡的商品包括了沒有流通的自費出版品、圖鑑等，掌握日本國內外的現代美術和攝影的最新趨勢等，獨具魅力。

Ａ這裡的廚房就像是定食餐館的感覺，喜歡料理的女性大展廚藝。平日上門的以附近的親子客人居多。
Ｂ這個書架收集了攝影師荒木經惟的攝影集，飯澤先生是知名的荒木經惟研究者。Ｃ一整面牆的書架，大約有5000冊的攝影集，可以在店內閱覽。以書做成的燈罩，非常美麗。

當季食材的五菜一湯特製午餐。令人懷念的家庭料理，絕對能大快朵頤。

地址｜澀谷區東3-2-7 1F
營業時間｜11:30～23:00
　　　　（LO22:00），星期六、
　　　　日、國定假日／12:00～
　　　　22:00（LO21:00）
公休｜星期一（如遇國定假日改
　　　為星期二）
車站｜從JR惠比壽站東口步行7分鐘
網址｜http://megutama.com

📍從惠比壽車站順著駒澤通北上，就在左手邊。是一間有著玻璃門窗、能輕鬆入內的店舖。

07

被攝影集環繞的食堂

攝影集食堂Megutama
写真集食堂めぐたま

BOOKS ── 攝影集
SHOP NAME ── 由編劇家筒井Motomi的命名
OPEN DAYS ── 2014年2月22日

「如果住家附近，有一個充滿書香的用餐環境，那該有多好」，位於惠比壽的「攝影集食堂Megutama」實現了這個想法。

打開玻璃門踏進店內，看到一整面的書牆。塞得滿滿的書架上，排列著古今東西的攝影集。這些書全都是攝影評論家飯澤耕太郎的藏書，這當中甚至還有絕無僅有的珍貴書籍。

在這樣一個讓愛書人難以抗拒的空間裡，還能吃到完全不使用任何添加物、對身體有益的「家庭料理」，美味的料理肯定會讓你讚不絕口。

宛如攝影棚一般有著挑高的屋頂，是個開放的空間。

散發清潔感的木製家具。書籍封面朝外，這樣的陳列方式更能展現書本的魅力。

被全球的攝影迷喜愛、由德國出版社Steidl出版的書籍。

最受歡迎的原創購物袋，袋上的圖案是POST網站首頁的設計。

08

全球的出版社在惠比壽大集合

POST

NEW OLD 🛍 🏳
（不定期）

BOOKS	外文書、攝影集、美術書、設計書等
SHOP NAME	新出版的書定期陳列在店裡，就像是郵件定期被送到信箱。
OPEN DAYS	2013年1月25日

地址 | 澀谷區惠比壽南2-10-3
營業時間 | 12:00〜20:00
公休 | 星期一
車站 | 從JR惠比壽車站西口步行5分鐘
網址 | http://www.post-books.jp

📍 有個超大的玻璃窗，可以看見店內狀況，是間時尚的書店。

在十五年前，中島佑介開了舊書店LimArt，希望能將藝術書籍、攝影集等，「能展現書籍魅力的進口書」介紹給國內讀者。但中島發現，日本民眾幾乎不太認識國外的出版社，於是才有了這間新書書店「POST」。該書店會定期介紹不同的出版社，店內陳列的書籍也會同時更換。中島的選書標準在於裝訂的精緻度和內容的特殊度，以及該出版社是否有獨特的觀點。踏進POST，你會驚嘆於「這世上竟然有這樣的出版社」，感到世界變得寬廣起來。

店內擺放著木製的玩具和樂器等雜貨，有相當多讓小朋友開心的商品。2樓有個大桌子，關上門之後，可以悠閒的選書。

傳遞一生寶物的書籍

智慧之木之實

ちえの木の実

NEW（每月2・3次）

BOOKS	兒童書、兒童文學、繪本等
SHOP NAME	以自己的手採摘的糧食＝書之果實
OPEN DAYS	2002年5月9日

地址｜澀谷區惠比壽西2-3-14 1-2F
營業時間｜11:00～19:00
公休｜星期二
車站｜從JR惠比壽車站西口步行7分鐘
網址｜http://www.chienokinomi-books.jp

📍從車站往澀谷方向直走，越過五叉路口後就能看到。

惠比壽的「智慧之木之實」書店，是一間專營繪本、兒童書的童書專門店。店內的書籍，皆是「想要傳承給下個世代的書」。一樓是主要賣場，二樓是會員的空間，提供親子一個悠閒的選書環境。大人和小孩可以坐在椅子上，慢慢的討論要選什麼書。這是一間大人可以好好思考要給小朋友什麼樣書籍的書店。

許多顧客會攜家帶眷前來，店內有小朋友的遊戲專區。除了書籍之外，星際大戰的人偶等美國文化的雜貨也不少，還有販售筆記本和文具。

來自美國西岸的舊金山！

CHRONICLE BOOKS

クロニクブックス

NEW（不定期）

SHOP NAME	兒童書、繪本
SHOP NAME	與美國加州的報社「SanFanciso・Chronicle」的出版部門獨立開設的出版社同名
OPEN DAYS	2016年3月16日

地址｜澀谷區代官山町13-6 1F
營業時間｜12:00～20:00
公休｜無休
車站｜從東急東橫線代官山車站西口步行3分鐘
網址｜http://chroniclebooks.co.jp

📍沿著代官山Castle Street就能看到。

這是舊金山的出版社「CHRONICLE BOOKS」的日本進口商「CHRONICLE BOOKS JAPAN」所經營的書店。「想要從不同的觀點來看事物」，因應這樣的概念，附有手指玩偶的繪本《手指木偶》，這種帶有遊戲氣氛的書籍、文具，這裡通通都有。店內擺設和商品每月變更，每次都有新風貌。

由作家松浦彌太郎經營的書店COW BOOKS，店內的書包括了攝影集等，有視覺樂趣的書籍，以及近現代的文學舊書。「與其把舊書放在家裡，不如陳列在COW BOOKS，讓年輕的世代也能翻閱」，松浦抱著這樣的心情，收購了許多顧客的舊書。而收購來的書籍，在店裡並沒有分門別類，只是單純的排列在書架上，這是希望顧客能接觸平常不會翻閱的書籍。這裡也能看到新書和藝術書籍等。二〇一六年起以「手繪」為主題，開始出版書籍。

而該店內最受矚目的要算是電子跑馬燈看板，每天會出現「BOOK BLESS YOU」等各種訊息。店中間有大桌子和椅子，顧客可以坐在椅子上悠閒看書。在這樣一個讓人放鬆的氣氛下選書，感覺像在自家的書房，而不是書店。

A 希望顧客能在店內享受自由自在的時光，於是在店中央擺置桌子和椅子。B 照片上的原創商品都是店內的備品，但如果顧客開口店家會出售。C 到處都能看到貼著「Today's Favorites」標籤的書，讓人忍不住拿起來翻閱，與書本的一期一會。

MOO—

11

悠閒的時光流逝

COW BOOKS

（不定期）

BOOKS —— 日本國內外的文學、藝術、攝影、飲食、自然等類型的書籍（以1960～80年代前半出版的舊書為主）

SHOP NAME —— 人類的生活來自於許多的恩惠，就這點來看，牛和書本的存在有相似之處。

OPEN DAYS —— 2002年9月14日

地址 | 目黑區青葉台1-14-11
營業時間 | 12:00～20:00
公休 | 星期一
車站 | 從各線的中目黑車站正面剪票口步行10分鐘

網址 | http://www.cowbooks.jp

沿著目黑川走就能看到，入口處有一頭牛的擺設。

松浦將他所讀過且深受感動
的書，一本本排列在書架
。儘管大部分的書已經超
過三十年，但保存狀態十分
良好。該店從二〇一六年
也開始出版書籍，發行了
插畫家安西水丸的畫文集
《日々》（日日）等。

A 以繪本為主，有許多藝術書籍。
B 採用封面朝外的陳列方式，將書籍當作室內擺設。**C** 在2樓的畫廊空間展示藝術家的作品，或是當作個性化商店的臨時攤位。
D 店內的氣氛很像是雜貨專賣店。
E 展示在大門玻璃櫥窗裡的外文繪本，精緻的裝訂讓人忍不住停下腳步。

12

大人小孩都能樂在其中

dessin

OLD

［不定期］

BOOKS	──	以繪本為主，大人、小孩都愛的視覺書。
SHOP NAME	──	來自於書店老闆和小孩一起畫圖的經驗
OPEN DAYS	──	2011年9月10日（2017年搬遷）

東塔堂（P.121）的姊妹店［dessin］，是一間可以親子同樂的二手書店。書店老闆大和田悠樹在小孩出生後，才有了開店的想法。從充滿古董家具的舊店，搬遷到中目黑車站附近的這棟獨棟建築。新店面一樓是書店、二樓是畫廊。陽光從玻璃門的正門照射進來，室內光線明亮，在這樣悠閒的環境下選書，是個特別的經驗。

書架上看到的並非是實用類的書籍，而是看起來饒富趣味的書，以親子同樂的繪本為主，攝影集和畫冊也很多。適合在天氣晴朗的假日午後，帶著小朋友一起前往。

地址 | 目黑區上目黑2-11-1
營業時間 | 12:00～20:00
公休 | 星期二
車站 | 從中目黑車站正面剪票口步行3分鐘
網址 | http://dessinweb.jp

📍 從目黑銀座入口往左轉。

Ａ藝術家的原創小冊子和相關商品，展示結束後仍會繼續販售。Ｂ附近的出版社Mishima社的新書專區。探討生活方式的書籍居多。Ｃ參展作家的書或是文學、人文、攝影集等類型的藝術類書籍。Ｄ中央的平台和牆上是展示空間，店內的氣氛會隨展示內容改變。

13

每兩個禮拜改變一次風貌

SUNNY BOY BOOKS

NEW OLD（西方）／（東方）／✎／🚩〔每月2～3次〕

BOOKS	攝影集、藝術、文學等
SHOP NAME	閱讀時的樂趣和興奮感，很符合SUNNY BOY的感覺
OPEN DAYS	2013年6月2日

玻璃上的圖案會隨著展覽內容而改變，從門外就能知道店內現在的展示主題。這麼一來，從門外就能知道店內現在的展示主題。

地址Ｉ目黑區鷹番2-14-15
營業時間Ｉ13:00～22:00，星期六、日、國定假日／12:00～21:00
公休Ｉ星期五
車站Ｉ從東急東橫線學藝大學車站東口步行4分鐘
網址Ｉhttp://www.sunnyboybooks.jp

📍非常可愛的店鋪，有大片玻璃。

舊書店「SUNNY BOY BOOKS」經常舉行各種展覽，平均每兩個禮拜就有新的展出，全都是由書店老闆高橋和也企劃。書店的展覽通常是和作家兩人三腳的結晶；有時為了配合展示，整間店的陳列也會有大幅變動。

與展覽主題有關的藝術家所自製的冊子和書籍，也會在店內販售，有時也會和藝術家一起創作雜貨小物。散步時不可缺少的「SUNNY散步道 學藝大學和祐天寺地圖」，也放在店內供顧客索取。書店投入大量的精力在「書本和展示」，以及傳遞該商圈的魅力。

Ａ快要滿出書架的書，有些書堆疊在一起，有些書封面朝外。這是一個讓人百看不厭的空間。Ｂ非常熱愛音樂（鼓）的二見先生，認為陳列書籍和音樂製作是相同的。Ｃ書籍的排列方式非常立體，有的是封面朝外，有的是有高低的差異。Ｄ很像是畫室的畫廊空間，畫作和書籍一起販售。

地址｜目黑區鷹番3-6-9-103
營業時間｜12:00～24:00、
　　　　　星期日／11:00～23:00
公休｜星期四
車站｜從東急東橫線學藝大學車
　　　站西口步行2分鐘
網址｜https://www.facebook.
　　　com/ruroudou

♥就在知名洋菓子店
「MATTERHORN」的正對面。

體驗尋寶的刺激感

舊書遊戲 流浪堂

OLD

BOOKS —— 與嗜好、愛好有關的書籍（文學和藝術居多）

SHOP NAME —— 如果有時間的話想要出門旅行，如此自由的生活方式，就是老闆個人的最佳寫照

OPEN DAYS —— 2000年4月28日

狹窄的店內，大量的書籍堆積並排著，乍看之下有點雜亂，卻讓人忍不住想要伸手拿書，是一個具有魅力的空間，就位於學藝大學車站附近。

書籍的陳列方式獨具一格，老闆二見彰說：「我有個『立體』的怪癖，與其讓書本整齊排列著，倒不如將書籍排成高低不一、深淺不一，這樣的空間更具魅力」。這裡的書籍不會依照類別或是作家來區分，而是依照顏色和書本的特色陳列，堆在腳邊的書得要蹲下才能看見，店內的每個角落都帶給顧客樂趣。

Ⓐ天氣好的時候可以在室外的露台座位，大談文學。Ⓑ店內商品還包括了筆記本、稿紙等文具用品，以及文豪T恤等文學商品。Ⓒ很像是書房的店內。部分的古董家具對外出售。整面牆的日本文學書籍、漫畫、雜誌等，排列整齊著。

宇野千代著的《我的私房菜》（私の作った惣菜，集英社）中的一道：「新機軸的咖哩」

地址 | 目黑區駒場4-3-55 日本近代文學館內
營業時間 | 9:30～16:20（LO15:50）
公休 | 星期日、一，每個月的第四個星期四（依照文學館的時間）
車站 | 從京王井之頭線駒場東大前車站西口步行8分鐘
網址 | http://bundan.net

📍 位於日本近代文學館的後方，有著藏青色的招牌。

15

被2萬冊的書籍包圍，享受成為大文豪的心情

BUNDAN
COFFEE & BEER

NEW OLD

BOOKS	與文學、人文、飲食相關的書籍
SHOP NAME	取自於明治至大正時期，作家等從事文字活動的人打造的沙龍世界：文壇
OPEN DAYS	2012年9月8日

位於日本近代文學館中的 BUNDAN COFFEE & BEER，是一處被兩萬冊藏書圍繞、同時能享受美食的咖啡館。以文豪的名字命名的咖啡、在文學作品中登場的午餐和甜點等，宛如進入充滿故事性的菜單，宛如進入文學作品的世界裡。

館內的書籍都是經營者草彅洋平的藏書，他同時也是書籍編輯。從珍貴書籍到名作應有盡有，這些書都可以現場翻閱。參觀完近代文學館後，可以到這裡來休息一下。

都營大江戸線
壽3 藏前車站
H.A. Bookstore
▶P.151 國際通
100m
東京METRO日比谷線
三輪車站
都營淺草線
藏前車站
明治通
筑波Express
KASTORI書房
▶P.149
200m

ecute上野
book express
ecute上野店
Angers bureau
ecute上野店
上野恩賜公園
東京文化會館
昭和通
ROUTE
BOOKS
▶P.150
上野站
明正堂atre
上野店
台東區公所
淺草通
東京METRO銀座線
上野車站
東京METRO
日比谷線
丸井
N 0 200m

大手町車站
丸善
丸之內本店
新丸之內大樓
三省堂書店
東京車站一番街店
東京車站
BOOK EXPRESS 藥STATION
GRANSTA東京店
都營三田線
東京METRO千代田線
東京METRO
丸之內線
東京車站
外堀通
雙葉書房
丸大樓店
HINT INDEX BOOK
ecute東京店
丸之內
MY PLAZA
book express
京葉street店
JR横須賀線
丸之內READING STYLE
▶P.143
東京METRO銀座線
中央通
八重洲BOOK CENTER本店
N 0 200m

MUJI BOOKS 「無印良品 有樂町」內
▶P.143
JR山手線
有樂町車站
三省堂書店
有樂町店
一丁目車站
銀座
銀座通口
LIXIL
BOOKGALLERY
▶P.141
TSUTAYA BOOK STORE
有樂町丸井
café & books bibliothéque
Tokyo Yurakucho
東京METRO有樂町線
中央通
森岡書店
銀座店
▶P.140
都營淺草線
東京METRO
丸之內線
松屋
教文館
▶P.142
銀座4 三越
三原橋
中央
區公所
晴海通
GINZA SIX
東京METRO銀座線
東京METRO日比谷線
歌舞伎座
首都高速副都心線
東京METRO銀座線
銀座
蔦屋書店
都營淺草線
昭和通
東銀座車站
京橋
築地小學
新橋
演舞場
山下書店
東銀座店
N 0 200m

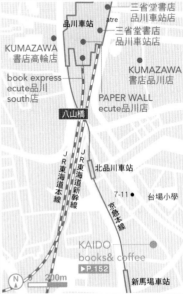

品川車站
三省堂書店
品川車站店
atre
三省堂書店
品川車站店
KUMAZAWA
書店高輪店
KUMAZAWA
書店品川店
book express
ecute品川
south店
PAPER WALL
ecute品川店
八山橋
JR東海道本線
JR東海道新幹線
北品川車站
京急本線
7-11
台場小學
KAIDO
books& coffee
▶P.152
新馬場車站
N 0 200m

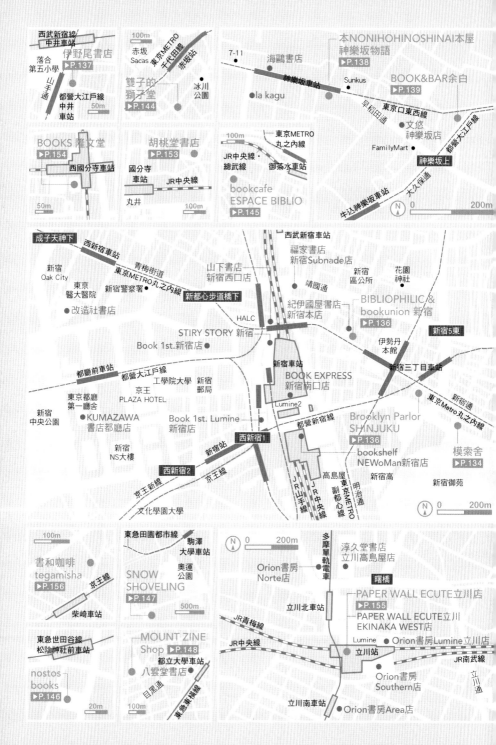

Ⓐ因燈光而閃亮的「模索舍」三個字。Ⓑ跨進店內，會是個從未見過的世界。Ⓒ平放堆積的迷你雜誌，充滿個人的熱情。Ⓓ珍貴景點的遊記、怪談專門雜誌等，具有獨特的角度充滿魅力的小眾雜誌。Ⓔ與社會問題有關的書架。檢舉、冤罪等字眼映入眼底。Ⓕ後方是從開幕當時起就收集的市民運動小冊，以及新左翼黨派發行的雜誌等。

01

「自由與獨立」的小眾傳播的聖地

模索舍

（不定期）

BOOKS	— 自主流通、自費出版品、社會科學、次文化等。
SHOP NAME	— 取自於創立成員製作的小眾雜誌《摸索》
OPEN DAYS	— 1970年10月28日

地址 | 新宿區新宿2-4-9
營業時間 | 12:00～21:00，星期日、國定假日／～20:00
公休 | 不定期休假
車站 | 從新宿車站東南口步行8分鐘
網址 | http://www.mosakusha.com/voice_of_the_staff/

📍往新宿御苑的方向走就在左手邊，看到白色木頭的看板就到了。

只要符合主題，就算是小出版社的書，老闆也願意放在店內。TPP、無政府主義、藥物、宗教的、電影、藝術等類型的書籍，都標示著好讀易懂的索引。如此的細心的分類，顧客一定能找到想要的書籍。

在新宿，這間書店在小眾媒體、少量發行的刊物領域裡，占有首屈一指的地位。而地點就在新宿御苑旁的寧靜角落。

一九七〇年代，因為從事學生運動的年輕人所發行的雜誌找不到地方擺放，於是興起了自己開書店的念頭，才有了這間店。正因為該書店是在這樣的情況下誕生，因此只要是有人帶著自製的雜誌上門，老闆都會願意擺放在店內。

入口陳列的新書為主，後方則是小眾媒體，以文化相關的新書為主，後方則是女權、歧視問題等，與社會運動相關的書籍、手冊。由於該書店距離有許多同志酒吧的新宿二丁目不遠，因此店內也能找到與男同性戀、女同性戀等性少數族群相關的書籍。此外，該書店也會舉行觀影會、座談會等活動，題目多半是針對社會構造及其問題。這家店聚集了有自我主張並進一步採取行動的人。摸索並舍這間書店，非常符合「自由」與「獨立」這兩個詞彙的精神。

布魯克林區住著許多不同的人種，飲食文化也很多樣。該店的菜色同樣也是選項眾多，有義大利麵、肉類料理等。

地址 | 新宿區新宿3-1-26新宿Marui Annex B1F
營業時間 | 11:30～23:30，星期日、國定假日／～23:00
公休 | 不定期公休
車站 | 從新宿車站新南口步行7分鐘
網址 | http://www.brooklynparlor.co.jp/shinjuku

◉ 就在「新宿Marui Annex」的地下一樓。

02

輕鬆享用食物和音樂，如果可以的話再加上一本書
Brooklyn Parlor SHINJUKU

NEW 👛 ✏️ ☕ 🍴 🚩
（每週1次）
※ 週二

BOOKS	──	以美國紐約市的「布魯克林區」為主題，與文藝、飲食、攝影集相關的書籍。
SHOP NAME	──	為了宣揚布魯克林區的文化多樣性
OPEN DAYS	──	2009年9月18日

「不要浪費人生，要過得優雅」，在這樣的口號下誕生的「Brooklyn Parlor」新宿店，在店內享受美國布魯克林風格的飲食、音樂和書籍。

一整面牆的書架，可以找到以「女性的生活方式」、「給小孩」等主題，獨特的選書觀點也是該店的特色，很有新宿風格。

03

一整排都是與搖滾、爵士、嬉哈等音樂相關的書籍。還有很多書套、書架、原創袋子等，「BIBLIOPHILIC」的可愛讀書用品，種類豐富。

地址 | 新宿區新宿3-17-5 Kawase大樓3F
營業時間 | 11:00～21:00、星期日、國定假日／～20:00
公休 | 無休
車站 | 從新宿車站東口步行3分鐘
網址 | http://blog-bibliophilic-bookunion-shinjuku.diskunion.net/

◉ 紀伊國屋新宿本店隔壁的大樓，就在3樓。

以唱片為裝飾的音樂專門店
BIBLIOPHILIC & bookunion新宿

NEW OLD 📚 👛 ✏️

BOOKS	──	與音樂、電影相關的文化書籍
SHOP NAME	──	專門經營讀書用品的品牌「BIBLIOPHILIC」的旗艦店，同時也是唱片店「diskunion」的書店
OPEN DAYS	──	2011年10月21日

唱片行「diskunion」經營的「BIBLIOPHILIC & bookunion新宿」，店內的書籍不分類別，無論是自費出版版本或是過期雜誌，這裡通通都有，藏書約一萬冊。店內會舉行音樂家的選書展等活動，正因為是唱片行經營的書店才有能力舉辦，這可是音樂迷們絕對不可錯過的書店。

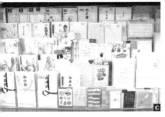

Ａ充滿各種廣告的熱鬧店內，這樣規模的書店以人文書居多。Ｂ摔角雜誌是店長的愛好，而且還不只有1本，這一點很有伊野尾書店的風格。Ｇ奠儀和探望用的信封等，平常會使用到的必要文具，這裡都有。Ｄ與東京有關的書籍很受歡迎，值得順道一提的是，林芙美子紀念館就在中井。

04

過度才是剛好

伊野尾書店

《不定期》

BOOKS	── 各種類型的書籍（漫畫稍多）
SHOP NAME	── 老闆的名字
OPEN DAYS	── 1957年12月25日

地址 I 新宿區上落合2-20-6
營業時間 I 10:00～21:00
　　　　　國定假日／
　　　　　11:00～20:00
公休 I 星期日
車站 I 都營地下鐵中井車站
　　　　A2出口旁
網址 I http://inooshoten.on.
　　　　coocan.jp/index.html

📍門口有雜誌書架和大型的看板。

伊野尾店長大推的書籍，加上小海報，常能熱銷。

位於中井街頭的「伊野尾書店」，商品包括各類型的書籍，廣告文宣隨處可見，足見老闆的用心。隔壁的文具店關門後，為了附近客人的需求，增加了文具用品區。

最大特色就是舉辦許多出人意料、充滿創意的活動。伊野尾宏之自從接下第二代店長的職務後，在書店舉行了摔角比賽、烤肉會甚至是露宿等活動。每個點子都不禁讓人懷疑：「這是要在書店舉辦嗎？」伊野尾店長將前摔角選手澤宗紀先生的名言「過度才是剛好」這句話銘記在心，以這樣的精神，迎接客人的到來。

踏進店內立刻就可以看到熱門書籍專區。有許多可輕鬆閱讀、引發好奇心的書。

一走進後方的小房間，氣氛完全不同，這裡有歷史、科學、精神方面的書籍，探求世界和人類的奧秘都在這裡。

一整面牆都是書架，後方是人文、文藝、藝術的相關書籍。前方是生活方面的叢書。長銷書和熱門書，這裡也能找到。

地址｜新宿區神樂坂6-43 K's Place
營業時間｜12:00～21:00
　　　　星期六、日、國定假日／11:00～20:00
公休｜星期一
車站｜就在東京METRO神樂坂車站1號出口旁
網址｜http://www.honnonihohi.jp

📍2樓和3樓是大片玻璃落地窗的時尚建築，出了神樂坂車站後馬上就能看到。

在神樂坂車站前的書架宇宙

本NONIHOHINOSHINAI 書店 神樂坂物語

本のにはひのしない本屋
神樂坂モノガタリ

 NEW
（每月1次）

BOOKS	文學、人文、藝術、生活書籍等
SHOP NAME	本NONIHOHINOSHINAI本屋＝書本不是主角，人才是主角。神樂坂物語＝含有編織神樂坂的過去和未來的故事之意
OPEN DAYS	2015年9月22日

一走出車站，立刻就能看到一棟時尚建築物的二樓有陽台座位。老闆希望平日不來書店的人，也能到書店來逛逛，於是取了這個店名。

負責選書的是「AYUMI BOOKS小石川店」的前店長久禮亮太，目前是自由工作者兼書店店員。他憑著二十年的書店店員經驗，挑選出「可能成為長銷書」的書籍。《昔日之客》（夏葉社）等高評價的書在架上一字排開。以為該店是咖啡館而上門的顧客，不知不覺來到書架前；讓人沉迷的文字世界，就在這裡。

這裡的咖啡採用的是精品咖啡專門店——堀口咖啡的咖啡豆。

Ａ 村上春樹的《海邊的卡夫卡》書中的一段話，成為該書店的標誌。Ｂ 櫃臺後方的書架上，有各種類型書籍的入門書。Ｃ 櫃臺上陳列著能輕鬆閱讀的文庫本。和書擺在一起的還有清酒。Ｄ 住在神樂坂的作家的著作，或是與該地或是該店有緣的作品，也在書架上。

地址 | 新宿區白銀町1-13
營業時間 | 午餐（星期三～五）
／11:30～14:00、
酒吧／18:00～24:00
公休 | 星期一
車站 | 從東京METRO神樂坂車站
1號出口步行5分鐘
網站 | http://twitter.com/yohaku_kagura

📍 順著大久保通的坡道走到底。

06

忘卻日常瑣事的大人書吧

BOOK & BAR 余白

OLD 📚☕🍴

BOOKS —— 各種類型的書籍
SHOP NAME —— 希望將身心寄託在「空白」的時間
OPEN DAYS —— 2016年4月5日

出現在該店招牌裡的英文，出自於《海邊的卡夫卡》的一段話，其意思是「就算所有人都忘了我，只要你一個人記得就足夠了」。

「BOOK & BAR 余白」是一間以整面牆的書架為背景，享受美酒和小菜的書吧。在這間鮮為人知的小店裡，可以喝到與神樂坂有關、伊勢神宮唯一的御料酒「白鷹」，以及出現在村上春樹的遊記《如果我們的語言是威士忌》裡的愛爾蘭威士忌等知名好酒。

「每天被工作追著跑的忙碌生活裡，希望能將身心寄託在悠閒的空白時間裡」，老闆根井浩一提到了當初開店的動機。儘管顧客彼此是陌生人，但也能一手拿著書，彼此開心聊天。這是一處讓人悠閒的閱讀、品酒和聊天，忘記時間流逝的書吧。

除了櫃臺之外，只有一張木製桌子，三坪大的空間非常簡樸。中間的桌子上放著書，周圍的牆壁上展示並販售著與書籍有關的作品。這些作品大多是在跟企劃者討論當中決定的。

07

仔仔細細的品味一本書

森岡書店 銀座店

NEW（不定期）

BOOKS ｜ 展示期間中的一本書
SHOP NAME ｜ 取自於老闆的名字
OPEN DAYS ｜ 2015年5月5日

座落在建造於戰前、擁有八十八年歷史的老舊大樓一角的「森岡書店銀座店」，該店只賣一本書。正確來說是店內的商品每個禮拜都會更換，專賣該本書和相關的作品。舉例來說，如果書中有插畫、或是照片的話，會將原畫或是原來的照片影印展示並販售。換句話說，就是將書本當作一件藝術品銷售。顧客來到店內，也可以和原創者交流，是該書店最大的魅力。有時候，也會邀請作者舉行座談。老闆森岡督行評價自己的店是「邀請顧客走進書裡來」，是個能讓人沈醉在書香世界的角落。

地址 ｜ 中央區銀座1-28-15
鈴木大樓1F
營業時間 ｜ 13:00～20:00
公休 ｜ 星期一
車站 ｜ 從各線的東銀座車站
3號出口步行6分鐘

📍 離新富町車站非常近，在首都高速公路環狀線旁。

「LIXIL BOOKGALLE-RY」是將LIXIL公司的概念、「Link to Good Living」付諸實現的書店。隨著時代的改變，民眾的生活越來越富足。但真正的富足到底是什麼呢？這是該書店經常在思考的問題，並且給予提案。在建築、設計、室內設計、文化等範疇中，選出有趣的書籍，

從一個主題到另一個主題，顧客在瀏覽書架時，自然地流露出興趣，這是該書店的最大魅力。每兩個月舉行的原創書籍展，藉由趣味的主題帶給顧客放鬆的心情。同時也會舉辦配合展覽的活動，可免費參加，甚至有機會和作家面對面交流。

08

發現「生活的豐美」

LIXIL
BOOKGALLERY

LIXIL
ブックギャラリー

 NEW 📚💰 「2個月1次」

BOOKS	以建築、設計、室內設計、文化類型等，追求富足生活的書籍為主
SHOP NAME	由專營建材和生活設備機器的企業（股份有限公司）LIXIL，跨足文化事業而開設的書店
OPEN DAYS	1988年9月9日

地址∣ 中央區京橋3-6-18 東京建物京橋大樓LIXIL：GINZA 1F
營業時間∣ 10:00～18:00
公休∣ 星期三
車站∣ 從東京METRO銀座一丁目車站9號出口步行4分鐘，或是從京橋站2號出口步行2分鐘
網址∣ http://www1.lixil.co.jp/bookgallery

📍 就在銀座的大樓街裡，有醒目的黑色看板。

A 店內後方相當寬敞。平台是展示區。中央的書架上擺著新書和文庫本。B 好書相當多的鹿島出版會的SD選書，深受立志成為建築家的學生們喜愛。C 包括「LIXIL BOOKLET」在內，由LIXIL出版的書籍，大多是以建築或空間設計為主題。

銀座コーナー

Ａ 一上2樓，就可看到來銀座散步時值得一看的書籍。Ｂ 一字排開的是岩波文庫出版的書籍，大多是自我提升的內容。Ｃ 6樓的「納尼亞王國」，有針對小朋友而設的「世界童話」或「一起思考核能發電」等各種主題的書展。

Ｄ 甜點套餐。有該店原創的書本餅乾，非常可愛。

地址｜ 中央區銀座4-5-41

營業時間｜ 1F・2F／10:00～21:00、
　　　　　　星期日・國定假日～20:00
　　　　　　3F／～20:00、星期日13:00～
　　　　　　4F／～20:00
　　　　　　4F（咖啡座）／11:00～19:00
　　　　　　6F／～20:00

公休｜ 無休

車站｜ 從東京METRO銀座車站A9
　　　　出口步行1分鐘

網址｜ http://www.kyobunkwan.co.jp

◎ 就在銀座的大馬路旁，店門口有時會舉行活動，綠色的看板是標記。

09

東京的中心地，銀座的老字號書店

教文館

NEW 📚👜✏️☕🍴🚩

（每週2～3次）

BOOKS	各種類型的書籍
SHOP NAME	發揚基督教的教義（＝教文）店（1885年來自美國衛理教會的傳教士們創立了教文館
OPEN DAYS	1885年9月9日（之後歷經數次的搬遷）

教文堂書店創業於明治十八年，座落在銀座超過一百三十個年頭，與書籍一起編織歷史。

一樓以雜誌、文具和雜貨為主，二樓是書籍賣場，包括了文藝類叢書以及有著地緣關係的歌舞伎、落語等艱澀的書籍，三樓是基督教書籍和外文書、四樓則是販售與基督教有關的商品，品項豐富。在同一個樓層還附設了咖啡座「咖啡教文館」，逛累了可在這裡休息。六樓的「納尼亞王國」則有資深店員提供繪本的選書建議。無論今昔，這裡向來是銀座的大人們往來的名店。

衣服、生活雜貨和書籍自然地一同陳列的店內。
宛如一條龍貫穿賣場的書架，是該店的最大特
色。選書的責任則是交給有「知識巨人」之稱工
學研究所的松岡正剛先生負責。

地址 | 千代田區丸之內3-8-3 Inforce
　　　有樂町1～3F
營業時間 | 10:00～21:00
公休 | 不定期公休
車站 | 從JR有樂町車站京橋口步行1分
　　　鐘、或是從東京METRO有樂町
　　　車站D9出口出來後立刻就能看到
網址 | http://www.muji.com/jp/mujibooks

📍 走進「無印良品 有樂町」，搭乘電梯上到2樓。

無印良品提供的生活提示

無印良品 有樂町
MUJI BOOKS

BOOKS	各種類型的書籍
SHOP NAME	無印良品跨越書籍領域
OPEN DAYS	2015年9月4日

以「有品質的生活」為概念的無印良品有樂町店，是該品牌全球最大規模的旗艦店。店內的書籍專區「MUJI BOOKS」，大約有兩萬冊的藏書。飲食、室內裝潢、流行資訊等類型的書籍，和其他商品融合在一起，共同陳列在賣場裡。這是一處給予許多有關「豐富生活提案」的書店。

可將尚未付款購買的書帶進咖啡館內，將書放在
雜貨旁，透過新的陳列方式，將更多的好書送到
讀者手上。

沈迷於新的宣傳手法

丸之內READING STYLE

マルノウチリーディング
スタイル

BOOKS	各種類型的書籍
SHOP NAME	提出各式各樣「與書本有關＝READING STYLE」的點子
OPEN DAYS	2013年3月21日

「丸之內READING STYLE」的魅力在於其獨特的展示，例如「生日文庫」展示的是一年三百六十五天、每一天出生的作家的作品，或是將選書者的心情當作書內的「WHITE BUNKO」等，這些巧思都是為了讓平常沒有閱讀習慣的人，也能產生閱讀的慾望。

地址 | 千代田區丸之內
　　　2-7-2 KITTE 4F
營業時間 | 11:00～21:00，
星期日、國定假日／～20:00
（國定假日前一天／～21:00）
公休 | 無休

車站 | 從JR東京車站丸之內南口步行1分鐘
網址 | http://www.readingstyle.co.jp

📍 咖啡館和書店，分別有不同的入口。

Ａ脱鞋才能入內，就像是到朋友家中作客。Ｂ書架上的書由作家、評論家、詩人長谷川櫂等26人負責挑選。Ｃ竹田先生大學時代的恩師、同時也是評論家山城Mutsumi先生的著作系列。

原創的文藝雜誌《草獅子》，許多參與選書的作家都有加入製作行列。

地址 I 港區赤坂6-5-21-101
營業 I 15:00～21:00
公休 I 星期一、二（星期日不定期公休）
車站 I 從東京METRO赤坂車站5b出口步行5分鐘
網站 I http://liondo.jp/

📍 從赤坂車站步行5分鐘即可到達，認明深綠色的大門。

販賣作家想要「流傳百年的書籍」

雙子的獅子堂

双子のライオン堂

NEW OLD
（每週1～2次）

BOOKS	文學、人文
SHOP NAME	取自於老闆和妻子的星座（老闆是雙子座、太太是獅子座）
OPEN DAYS	2013年4月27日（2015年搬遷）

「雙子的獅子堂」選書非常有趣，並非是由老闆竹田信彌負責，而是由作家或是研究者，以「想要流傳至百年後」為主題所篩選。選書者們包括了芥川賞得主辻原登，竹田先生個人信賴的作家等等。當顧客看到書架上的書，會產生「原來這位作家看了這樣的書」的心情，不知不覺想要伸手去拿。

書店也會舉辦相當多的讀書會，包括「兒童文學讀書會」或各類型叢書的入門書讀書會「Nupri」等，有時作家會親自參與，與讀者來一場面對面的接觸。

一整面牆的書架，藏書依照作家的名字排列。歌舞伎等傳統藝能的書架上有「龜治郎展」等，少部分的書籍有對外出售。還有由ESPACE BIBLIO經營的SUPER STUDIO的商品。

地址 | 千代田區神田駿河台1-7-10 YK駿河台大樓B1F

營業時間 | 星期二～四／11:30～20:00、星期五／～22:0、星期六／12:00～
紅酒吧／
星期五／17:00～22:30（LO22:00）、星期六／12:00～20:00（LO19:030）

公休 | 星期日、一、國定假日

車站 | 從JR御茶水車站橋口步行5分鐘

網址 | http://espacebiblio.superstudio.co.jp

📍看到白色看板的話就往地下室走。

13

大樓地下的小世界

bookcafé
ESPACE BIBLIO

BOOKS	—	攝影集、設計書、與傳統藝能相關的書籍、繪本等
SHOP NAME	—	提供愛書者一個悠閒閱讀的空間（法文裡的ESPACE＝空間、BIBLIO＝愛書）
OPEN DAYS	—	2013年10月19日

設計事務所SUPER STUD-IO，開放長年來收集的藏書，讓普羅大眾也能閱讀，大約有六千冊的藏書供顧客自由閱覽，這當中還有不少當今已經很難看到的珍貴書籍，因此更希望年輕族群能夠養成閱讀的習慣。由於店內非常安靜，不少人喜歡約在這裡商討事情。

踏進店內，讓人感到訝異的是，儘管是在地下室，窗戶外卻是一片寬廣的綠地。如此獨特的空間，宛如置身在高級飯店的大廳。在這個靜靜地佇立在高樓大廈之中、有著書本和綠地的小世界裡，享受屬於自己的自由時光。

店內的書籍以設計書、攝影集為主，還有適合大人閱讀的繪本。

「nostos books」是設計師中野貴志經營的舊書店，店內的書籍都是製作或裝訂精緻的書。雖然少有實用書等「必要的書籍」，卻有不少讓該書店引以為傲的「有價值的書」。

該店的魅力在於經營團隊的個性，五位工作人員各有各的技術或是創意。一月是「nostos神籤」、二月是「情人節展」等，隨著季節而舉行的活動，也是來自工作人員的提案。

「nostos books團隊」所創造充滿新鮮和驚奇的體驗，請務必來體會看看。

14

團隊打造的新鮮空間

nostos books

NEW OLD

〈類分〉

BOOKS	各種類型的書籍（以幻想文學、藝術類書籍居多）
SHOP NAME	希臘語是「回家」的意思，「nostalgia」的語源。
OPEN DAYS	2013年8月10日

地址 | 世田谷區世田谷 4-2-12
營業時間 | 12:00～20:00
公休 | 星期三
車站 | 從東急世田谷線松陰神社前車站往南面步行1分鐘

網站 | http://nostos.jp

📍店外有木製的直立式看板，書店門口是一大片的玻璃門窗。

A 橫向較寬的店內，櫃臺在左邊，中央是個平台和幾個書架。
B 踏進店內，首先會看到超高的書架，以幻想文學和設計書籍較多。
C 除了書籍之外，還有七寶燒的徽章、智慧型手機殼等雜貨以及零食。D 該店的吉祥物Nosutos醬，其實是書店老闆的太太？

A 從店名就可以知道，店內與村上春樹有關的書籍相當多，也有新書。
B 可以坐在後方的沙發看書、發呆，度過一段奢侈的時間。C 店內有點雜亂，正因為如此才有尋寶的心情。
D 老闆親手做的照明，很受歡迎。有興趣的人可以跟老闆開口問看看。

地址 | 世田谷區深澤4-35-7 2F
營業時間 | 13:00〜19:00
公休 | 星期二、三
車站 | 從東急巴士站深澤不動前
　　　　步行1分鐘
網址 | http://snow-shoveling.jp

從大樓旁的停車場後方的樓梯上2樓。

15

在永恆的場所閱讀無價的書籍

SNOW SHOVELING

BOOKS — 各種類型的書籍
SHOP NAME — 取自於村上春樹的小說《舞‧舞‧舞》裡的一節「文化上的剷雪」
OPEN DAYS — 2012年9月9日

從駒澤大學步行約15分鐘，就可以來到「SNOW SHOVE-LING」一探究竟。該店是由設計師中村秀一在二○一二年開始經營的，店內宛如一個奇異空間。古老的西式洋房裡，一本又一本隨著歲月流逝，卻絲毫不褪色、「具有永恆價值的書籍」陳列在書架上，顧客可以坐在後方的舒適沙發上看書，這是一個讓人感到舒服的舊書店。

每個月的讀書會或是研討會，會有許多熟客參加，據說還有夫婦是在這裡相識進而步上紅毯，這也證明了該書店的確是個很棒的空間。

B

A 「MOUNT ZINE Shop」書店提供了小眾媒體ZINE（獨立誌）展示並銷售的機會，店內的ZINE雜誌約有150種，包括東京在內、全日本的ZINE都能在這裡找到。店內還附設畫廊。**B** 陳列的ZINE每半年會更換一次。

地址 I 目黑區八雲2-5-10
營業時間 I 12:00～19:00
公休 I 星期一～三
車站 I 從東急東橫線都立大學車
　　　站北口步行6分鐘
網址 I http://zine.mount.co.jp

📍 古民宅的懷舊氣氛，令人印象深刻。

16

接觸具個性化的ZINE雜誌

MOUNT ZINE Shop

〔每年2～3次〕

BOOKS	ZINE
SHOP NAME	想要將像山（MOUNT）一樣高、數量驚人的ZINE雜誌介紹給讀者
OPEN DAYS	2012年5月25日

「ZINE」是指由個人或是團體發行的少量出版物，不似一般書籍般的流通。自二〇〇〇年起在創作者之間擁有超高人氣。而「MOUNT ZINE」是從二〇一一年開始從事與ZINE有關的活動，並在二〇一二年於都立大學車站附近開設了「MOUNT ZINE Shop」，同時也舉辦講座或是提供ZINE的製作服務。老闆櫻井史樹說，「ZINE不受限於既存的出版品框架，每本雜誌都有各自的特色，自由的發想是ZINE的有趣之處」。櫻井先生會為讀者說明每本ZINE的精神，有問題可盡量發問。

148

書店老闆渡邊豪為了保存沒有留下紀錄的「煙花巷文化」，於二○一四年成立了「KASUTORI出版」。一開始以網路販售為主，同時也將書本放在其他書店販售，但最後還是決定開設實體店鋪。他透過網路上的群眾募資，於二○一六年九月開店。

版的書籍為主，同時也販售與紅燈區有關的舊書和雜貨。「在日本最有名的紅燈區吉原，有一間煙花巷的專門書店」，老闆想要販售這樣的體驗，才會選在這裡開店。將書店和吉原一日散策結合在一起，這樣的體驗肯定讓樂趣加倍。

17

位於吉原煙花巷的專門書店

KASUTORI書房

カストリ書房

[每月1次]

BOOKS	各種類型的書籍（與花街柳巷有關的書籍）
SHOP NAME	取自於戰後針對大眾發行的娛樂雜誌總稱「KASUTORI雜誌」
OPEN DAYS	2016年9月30日

地址┃ 台東區千束4-11-12
營業時間┃ 10:00〜19:00
公休┃ 無休（有時會臨時公休）
車站┃ 從東京METRO三之輪車站1a出口步行11分鐘

網址┃ http://kastoribookstore.blogspot.jp

📍 就在大路旁的小巷內，掛著白色的門簾。

Ａ給人一種風化區氣氛的書店外觀。ＢＣ從書架上的舊書，不難理解為什麼自古有不少人喜歡流連花叢中。Ｄ KASUTORI出版的刊物和相關商品陳列在榻榻米之上。Ｅ該店也販售《昭和黃色書刊用字集錦》（KASUTORI出版）這本書的貼紙。

Ａ 店內的植物都交由花藝設計公司Oceanside Garden負責，所有的植物都可以購買。Ｂ 設備充實的廚房，經常舉辦許多料理活動。Ｃ 綠意盎然的店內，雜貨和書本沒有區隔地陳列在四處。

地址 I 台東區東上野 4-14-3
ROUTE COMMON 1F
營業時間 I 12:00～19:00
公休 I 無休
車站 I 從JR上野車站入谷口步行5分鐘
網址 I http://route-books.com

📍 位於小巷弄裡，門口有著黑色的直立看板，留意一下就可找到。

18

因為有書，人才會聚集

ROUTE BOOKS

OLD 📚 👜 ✏️ ☕ 🍴 🚩
（不定期）

BOOKS ── 各種類型的書籍（與生活型態有關的書居多）
SHOP NAME ── 取自大樓名稱「ROUTE 89 BLDG」
OPEN DAYS ── 2015年11月21日

擅長打造溝通空間的工程公司「YUKUDO」，在公司的四樓開了一間咖啡書坊「ROUTE BOOKS」。因為是工程公司，店內的家具、建材等，所有的東西都可以購買。

「我們想要打造一個有助於交流和學習的場所」，於是選擇了開書店」，老闆丸野信次郎提到了開店動機。任何事情都可以從書上學習，如果開書店，就可以遇到有著各種興趣和想法的人，也可以成為學習的地方。該店也會舉行讀書會、紙牌遊戲大會等活動。

透過書本，今天也會有新的邂逅。

植物旁會放著相關書籍，雜貨和書本相互作用，勾起顧客的購買慾望。

「HAB」書店就在藏前一棟住商混合大樓的四樓,乍看之下,完全看不出來這樣的大樓裡會有書店。

店內的商品以與生活方式、居家有關的書籍、雜誌、或是書店相關的書籍為主,藏書豐富。最充實的類型就是與工作方式有關的書籍。那是因為老闆

松井祐輔平日是個上班族,只有放假才會開店,徹底實踐了自由的工作方式。

其實,該書店本身也很特別。所有的書架、甚至是店內的地板,全都是松井一個人DIY完成的。他對工作的熱情和巧思,為自己的人生開創了許多道路。

19

自由工作方式的提案

H.A.Bookstore

BOOKS	各種類型的書籍
SHOP NAME	Human and Bookstore(人與書店)
OPEN DAYS	2015年11月22日

Ⓐ松井先生發行的「HAB」是以人和書籍為主題的系列書。Ⓑ坐在書店後方的椅子上,悠閒地選擇漫畫等書籍。Ⓒ關於工作方面的書籍,包含自費出版品在內,品項足以滿足所有顧客。Ⓓ與書籍或是書店有關的書也相當多,可以從書架中看出松井先生對書店的熱誠。

地址 | 台東區 前4-20-10 宮內大樓 4F
營業時間 | 12:00～17:00
公休 | 平日
車站 | 從都營地下鐵大江戶線 前車站A5出口步行4分鐘
網址 | http://www.habookstore.com

📍就在國際通旁,店前方有直立的看板以及從窗戶就可以看到HAB文字。

A 一邊欣賞熊野古道特集的雜誌，同時品嚐熊野古道的麥酒，味道特別讚。**B** 採用熊本「AND COFFEE ROASTERS」等各地名店的咖啡。**C** 2樓是能舒適閱讀的空間。書架依照地區分門別類。

1樓的藏書雖然不多，但開放的空間很有酒吧的氣氛。

地址 | 品川區北品川2-3-7
營業時間 | 10:30～22:00
　　　　　　星期六、日、國定假日
　　　　　　／～19:00
公休 | 星期二
車站 | 從京急本線新馬場車站北
　　　　口步行5分鐘
網址 | http://kaido.tokyo

📍 有著玻璃門窗，入口是開放式的紅磚建築。

20

獻給想要深度旅行的你

KAIDO books & coffee

OLD

（每月1～2次）

BOOKS ── 與旅遊、街道相關的書籍
SHOP NAME ── 來自於日語的「街道」
OPEN DAYS ── 2015年8月6日

「KAIDO books & coffee」乍看之下是一間相當時尚的咖啡書坊，店內收集了與旅遊、街道有關的舊書約四萬冊。店長佐藤亮太希望民眾能將這間店視為全國旅遊的據點。而這樣的想法也反映在書架上，架上陳列的大多是與深度旅遊、或是與地域生活文化有關的書籍。

這裡也會舉行展示或活動，傳遞國內外的地方特色。身為都市規劃公司老闆的佐藤認為，該店的精神是「人與地域的連結」，在出門旅行之前，不妨來店裡一趟。

Ⓐ 喝茶區提供了茶飲和黑豆寒天等和式菜單。
Ⓑ 筆記本和鉛筆等文具可自由使用，最適合思考事情。Ⓒ 與店名相互輝映的是胡桃木製的桌子，店內擺設非常講究。Ⓓ 販售的舊書包括了「希望能代代相傳下去的好書」和民眾出售的書籍。Ⓔ 書店的部分區域作為自己動手製書專區。

21

值得信賴的實體書店

胡桃堂書店

NEW OLD

（不定期）

BOOKS	胡桃堂出版的書等
SHOP NAME	胡桃堂咖啡經營的書店
OPEN DAYS	2017年3月27日

地址 | 國分寺市本町2-17-3
營業時間 | 18:00～19:00
公休 | 星期四
車站 | 從JR國分寺車站北口步行5分鐘
網站 | http://kurumido2017.jp

📍 非常有情趣的灰色2層樓建築。可以看到牆壁上的「胡桃堂喫茶店」文字。

經營超人氣咖啡館「胡桃堂咖啡」以及出版事業的Festina Lente，在二〇一七年三月，於國分寺開了「胡桃堂喫茶店」。以「重新思考腳步」為主題，將七夕等節日的季節變遷，在店內表現出來，新、舊書混在一起販賣。部分書籍是在店內製作，完成後直接上架。而舊書是從工作人員和當地民眾的藏書中挑選、或是利用哲學咖啡等活動，藉由店內的交流慢慢累積。「書店是地區的知識平台」，老闆影山知明是這麼認為，胡桃堂書店讓民眾看到了書本新的可能性。

△ 西國分寺的吉祥物「西國君」的相關商品，種類豐富。Ｂ 文庫本的文宣，負責的書店員以插畫傳達該書的魅力。Ｃ 懸吊在天花板上的標示板，顧客可以馬上找到自己想要的書。

頗受好評的人文書書架。非常輕巧，有話題書和長銷好書。

22

如果說到西國分寺的書店

BOOKS 隆文堂

（每月1次）

BOOKS	——各種類型的書籍
SHOP NAME	——取自於高橋店長父親的名字
OPEN DAYS	——1966年

地址 । 國分寺市泉町3-35-1 西國分寺LEGA 2F
營業時間 । 10:00～22:00
公休 । 無休
車站 । 從JR西國分寺車站南口步行1分鐘

📍 就在西國分寺車站南口「西國分寺LEGA」的2樓。

「BOOKS隆文堂」的歷史非常悠久。從西國分寺車站落成的一九八九年，長達二十五年的時間，該書店支撐當地的文化。

店內的書綜合了「顧客想要的書和自己想要賣的書」，結果以文庫本和漫畫居多。文庫本專區的手繪文宣非常有名，堪稱是書店員的力作。小說《推理要在晚餐後》的舞台——西國分寺周邊的手繪地圖，也在店內展示。很受當地民眾歡迎的研討會、童書作家的簽名會，每個月都會舉行。西國分寺的書店僅此一家，是當地不可缺少的新書書店。

「PAPER WALL ecute立川」位於與車站直結的商業大樓三樓，這裡的書籍包含所有類型，其中又以繪本和童書藏書最多。被在其店鋪前的通道上販售色彩鮮豔的繪本吸引的不只有女性顧客外，還有從樓上的幼稚園離開打算要回家的親子顧客，也會順道來看看。

該店提出「生活中有書的風景」的概念，在同一個樓層也開設了家具、廚房雜貨等生活用品店，並在其店鋪前的通道上販售書籍。如此一來，顧客只是在賣場走走，就能想像買了書之後的生活，是一間全新的體驗型書店。

23

實際感受「有書的風景」

PAPER WALLE
ecute立川店

PAPER WALL
エキュート立川店

（不定期）

BOOKS	各種類型的書籍（以繪本、兒童書居多）
SHOP NAME	本來的意思是「紙牆」，帶有「以書籍打造的牆壁」之意
OPEN DAYS	2016年8月4日

地址 | 立川市柴崎町3-1-1（JR立川車站內ecute立川3F）
營業時間 | 10:00～21:30、星期日・國定假日／～21:00

公休 | 無休
車站 | 就在JR立川車站內
網址 | https://www.orionshobo.com/

📍 位於剪票口外的ecute立川，就在3樓後方。

A 店鋪前方的空間是雜貨和繪本專區。後方則是文藝類、居家生活的書籍。**B** 來自國外的玩具、文具等雜貨，這裡也有。**C** 在結帳櫃臺後方是展示空間，同時販售相關商品。**D** 暢銷的繪本會以平面陳列的方式銷售。

A 狹長的店內，前方是書店，後方是咖啡館。
B 店內到處可見城田店長精心設計的展示和手繪的文宣 C 咖啡豆在店內烘焙，自有品牌的咖啡豆在店內也有販售。

地址｜調布市菊野台1-17-5 1F
營業時間｜書店／12:00～20:00，咖啡店／～19:00（LO18:30），早晨（星期六、日、國定假日）／8:00～11:30
公休｜星期一（如遇國定假日改為星期二）
車站｜從京王線柴崎車站北口步行1分鐘
網站｜http://tegamisha.com/

寫著「書與咖啡」的直立式看板很醒目。

24

想要有新的開始

書和咖啡 tegamisha

本とコーヒー
tegamisha

NEW OLD

（不定期）

BOOKS	— 各種類型的書籍（料理、室內裝潢、手藝等，與居家生活有關的書籍居多）
SHOP NAME	— 盡可能的將書店的概念簡單地表現在店名上
OPEN DAYS	— 2015年4月1日

這家店是編輯團隊「手紙社」企劃的書店，希望讀者不光是享受閱讀的樂趣，還要產生擁有書的愉悅感，因此店內有不少裝訂精緻的書籍。每三週會更換所有商品以及陳列方式，為的是讓顧客每次上門都有新鮮感。店長城田波穗表示：「希望這間書店能成為一個體驗的出發點」，顧客來到這裡，可能因為看了一本書或是參加一個活動，而有了想要嘗試新事物的契機。這裡還舉辦了取名為「表現學校」的課程，內容包括手沖咖啡教室、SNS講座等，想要開始某件新事物，不妨來這裡找靈感。

店裡陳列的雜貨，來自於在手紙社舉辦的活動——「楓葉市集」裡展店的作家們的作品。

書店的活動

在各式各樣的地點，舉辦與書籍有關的活動。不克前往的遠方書店，或是能夠和編輯等企劃者直接對話，都是這些活動的魅力所在。

交換一整箱的書籍

這是由「書籍之街的高圓寺」所舉辦的書本交換活動。參加者帶著十至二十本想要給他人的書本來到活動現場，像跳蚤市場一樣免費交換。藉由書籍的交換，互不相識的民眾討論各自喜歡的書籍，這是個實驗性的活動，每個月舉行一次。

地點 | 高圓寺車站北口附近
網址 | http://hon-machi.blogspot.jp/

西荻Book Mark

住在西荻窪的作家、書店員和編輯等，從事出版相關行業的人士，一起企劃與書籍有關的活動。這項活動幾乎是每個月舉行一次，已經有超過十年以上的歷史。活動內容包括了邀請文學、次文化相關的書籍作家或編輯進行座談會，以及研習營等。

地點 | 杉並區周邊的會場
網址 | http://nishiogi-bookmark.org

書本的慶典

自二〇一六年才開始、算是比較新的活動。以「實踐全新的書籍樂趣」為概念，全國各地的書店都來擺攤。活動主題非常有趣，「如果自己的書店只能賣十本書」，由參加的書店各自選書，算是一個嶄新的嘗試，未來將朝著書本的野外慶典為目標。

地點 | 新宿區袋町6日本出版
CLUB會館
網址 | https://honnofes.com/

下北澤市場

二〇一六年夏天在下北澤高架橋下的活動場地「下北澤Cage」，舉辦了名為「下北澤市場」的祭典，一個月會舉辦好幾次。舊書店、二手衣店、雜貨店、唱片店等，各式各樣的店鋪聚集，非常熱鬧。活動散發的熱力和混亂程度，宛如台灣的夜市。

地點 | 世田谷區北澤2-6-2 京王
井之頭線高架下 下北澤
Cage
網址 | http://s-cage.com/

不忍書街的一箱舊書市

「不忍書街」是由居住在谷根千（谷中・根津・千駄木）的作家、書店員等，從事與書籍相關工作的人士所舉辦的活動，其中最受矚目的就是一箱舊書市。參加者租借店鋪的門口，將自己的舊書裝滿一紙箱販售。這是讓愛書人彼此交流、一期一會的活動。

地點 | 台東區的谷中、根津、千
駄木附近
網址 | http://sbs.yanesen.org/

BOOK MARKET

這是個為了愛書人而舉辦的書市，其目的是收集「真正有趣的書」。該活動是由以「白飯和生活」為主題出書的出版社、Anonima Studio主辦。參與的出版社眾多，這是其他活動少見的。這也是讀者可直接接觸出版業界人士的珍貴場合。

地點 | 新宿區袋町6日本出版
CLUB會館
網址 | http://www.anonima-studio.
com/book_market_2016/

有關書店的書

熱烈介紹各種書店的書,講夢想、講生活方式,
如果閱讀了以下介紹的書,應該會更喜歡書店才對。

Start ➡

我開了書店——
新書書店Title開店記錄

辭去了LIBRO書店的工作,創立了新書書店「Title」(P.10)的辻山良雄,描述了這段心路歷程。包括找店面、室內裝潢、咖啡館菜單等,根據個人的經驗,以誠摯的文字記錄一切。書本最後還提到了事業計畫書。如果希望將來也能自己開店當老闆,不可錯過這本書。

辻山良雄／著
苦樂堂／出版

Flying Books——
書籍、語言和音樂的交叉點

澀谷的「Flying Books」(P.120)書店老闆山路和廣的半自傳散文。書中描述了身為舊書店第三代的他,幾經波折後終於開了該書店。學生時代讀的是經營學,曾經在流通業界工作等,他的這段異業的經歷令人驚訝。

山路和廣／著
晶文社／出版

還有很多未知 夢想書店的導覽

如果有這樣的書店該有多好…。這本書介紹了22位現職書店店員所描繪的「夢想書店」。將火車變成書店的書店列車、在隱匿的道路上,到處都有忍者屋的書店等,「要是真有這樣的書店該有多好…」,閱讀此書時肯定會讓人發出這樣的讚嘆。這是一本令人感到開心的書。

花田菜菜子、北田博充、綾女欣伸／著
朝日出版社／出版

高圓寺 舊書酒場的物語

舊書酒場「Cocktail書房」(P.60)是如何誕生?又如何能屹立不搖19個年頭?1998年在國立市開店,後來遷移到高圓寺,直到執筆寫這本書時的2008年,由老闆狩野俊娓娓道來這一段歷史。舊書酒場的出現可說是前所未有,狩野先生的文章不加矯飾,卻撼動人心。

狩野俊／著
晶文社／出版

昔日之客

沒有其他書能像這本書一樣,將舊書店的日常描繪得如此豐富。這是山王書房的老闆——關口良雄的隨筆集,1978年由三茶書房發行,2010年由夏葉社重新再版。從書店老闆與三島由紀夫等近代文學的作家和文化人的交流,感受到當時的氛圍。樸素的裝訂也極具魅力。

關口良雄／著
夏葉社／出版

西荻窪的舊書店
音羽館的日常和工作

「古書音羽館」(P.20)是一間愛書人和專業人士的書店,本書是老闆廣瀨洋一針對書店與城市以及自己的想法,進行剖析。「或許那裡會有什麼…」,讓讀者產生這種想法的書店,到底是怎麼誕生的呢?答案盡在書裡。同時也能知道書店之街西荻窪的歷史,一舉數得。

廣瀨洋一／著
書的雜誌社／出版

將來的書店

北田博充／著
書肆汽水域／出版

書店店員北田博充以「書店是什麼？」為題，聽取書店的同事或是前輩的答案，思考「將來的書店」。「書店」這兩個字看似簡單，卻有許多不同的存在方式。這是一本思考書店的現在和未來的書。

山崖書房

山下賢二／著
夏葉社／出版

京都的傳說書店山崖書房，於2015年改名為「HOHOHO座」，迎接新的開始。其過程和歷史，加上老闆山下賢二上半生的生平，構成了這本書。美麗、帶點憂傷記憶，正好就是「青春」這兩個字的最佳註解。

地方書店福岡Books Kubrick

大井實／著
晶文社／出版

包括「Title」的老闆辻山良雄在內，許多書店員都受到福岡書店「Books Kubrick」的影響。經營該書店的大井實在書中描述了該書店的大小事，以及所在的城市，還有經營地方書店的樂趣和難處。

開一間舊書店

澄田喜廣／著
青弓社／出版

「有一天會以自己的藏書開一間舊書店」，如果你有這樣的想法，一定要看看這本書。「舊書YOMITA屋」（P.73）的老闆澄田喜廣，經營舊書店超過20年，他將經營舊書店的hnowhow不藏私的大公開。

欲速則不達
～咖啡館的經營不能只重視獲利～

影山知明／著
大和書房／出版

一間店不要只講求效率，而是抱著謹慎的態度，和顧客建立起良好的關係，事業才得以永續經營。這本書是由「胡桃堂喫茶店」（P.153）的老闆影山知明所寫，他在書中點出了看似理所當然、卻很難維持的現狀。

HAB 書和流通

松井祐輔／著

由經營「H.A.Bookstore」（P.151）的松井祐輔所發行的系列書籍，書本經過了哪些流程才能被放置在書店裡，甚至到讀者的手上，秘辛在書中大公開。閱讀此書之後，看到陳列在書店裡的書籍，肯定會覺得書本比以往更閃閃動人。

打造群眾聚集的「聯繫場所」
都市型茶室「6次元」的發想

Nakamura kunio／著
CCC Media House／出版

只有舉辦活動時才會開門營業、非常奇特的咖啡書坊「6次元」（P.12），到底是間什麼樣的店呢？書店老闆Nakamura kunio透過這本書，說明自己經營想法。讀完這本書，應該會對書店或是咖啡館，有著不同的想法。

書本的逆襲

內沼晉太郎／著
朝日出版社／出版

「書店 B＆B」（P.44）的老闆內沼晉太郎，同時也是書籍統籌者，藉由這本書思考書籍的未來。顛覆了眾人對於書或書店的刻板印象，這是一本教您如何自由地享受書本的入門書。

Ciel—24

好想去的130間東京街角書店

東京 わざわざ行きたい街の本屋さん

作者 和氣正幸
譯者 黃文玲
發行人 王春申
編輯指導 林明昌
責任編輯 賴秉薇
封面設計 蕭旭芳
出版發行 臺灣商務印書館股份有限公司
23141新北市新店區民權路108-3號5樓
電話：（02）2371-3712 傳真：（02）8667-3709
讀者服務專線：0800056196
郵撥：0000165-1
E-mail：ecptw@cptw.com.tw
網路書店：www.cptw.com.tw
網路書店臉書：www.facebook.com.tw/ecptwdoing

好想去的130間東京街角書店／和
氣正幸著；黃文玲譯.--初版
一新北市：臺灣商務，2018.2

面； 14.8x21公分

ISBN 978-957-05-3129-9（平裝）

1. 書業 2. 日本東京都

487.631 106024977

TOKYO WAZAWAZA IKITAI MACHI NO HONYA SAN
Copyright © Masayuki Waki / G.B.company 2017
All rights reserved.
Originally published in Japan by G.B. Co. Ltd.,
Chinese (in traditional character only) translation rights arranged with G.B.
Co. Ltd., through CREEK & RIVER Co., Ltd.

局版北市業字第993號
初版一刷：2018年2月
定價：新台幣350元

ISBN 978-957-05-3129-9